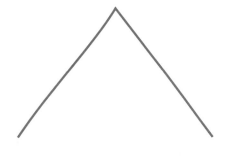

区域水资源配置

一主多从对策模型及应用

涂 燕 / 著

QUYU SHUIZIYUAN PEIZHI

YIZHUDUOCONG DUICE

MOXING JI YINGYONG

U0384391

四川大学出版社

项目策划：唐　飞
责任编辑：唐　飞
责任校对：段悟吾
封面设计：墨创文化
责任印制：王　炜

图书在版编目（CIP）数据

区域水资源配置—主多从对策模型及应用 / 涂燕著．
—— 成都：四川大学出版社，2018.9
　　ISBN 978-7-5690-2439-5

　　Ⅰ．①区… Ⅱ．①涂… Ⅲ．①区域资源—水资源管理
—研究 Ⅳ．① TV213.4

　　中国版本图书馆 CIP 数据核字（2018）第 227253 号

书　名	区域水资源配置—主多从对策模型及应用
著　者	涂　燕
出　版	四川大学出版社
地　址	成都市一环路南一段 24 号（610065）
发　行	四川大学出版社
书　号	ISBN 978-7-5690-2439-5
印　刷	四川盛图彩色印刷有限公司
成品尺寸	170mm×240mm
印　张	11.25
字　数	213 千字
版　次	2018 年 9 月第 1 版
印　次	2019 年 5 月第 2 次印刷
定　价	48.00 元

◆ 读者邮购本书，请与本社发行科联系。
　电话：(028)85408408/(028)85401670/
　(028)86408023　邮政编码：610065
◆ 本社图书如有印装质量问题，请寄回出版社调换。
◆ 网址：http://press.scu.edu.cn

四川大学出版社
微信公众号

前　言

　　水资源作为一种有限的可再生资源，在人类的生存和发展中扮演着举足轻重的角色，在工业发展、农业灌溉以及生态环境维护方面具有不可替代的地位。纵观全球，由于世界人口的急速增长，造成了水资源需求量的大幅度增加、水资源浪费现象愈发严重、水资源过度开发以及水污染现象日益严重等一系列问题，许多国家和地区都处在中高度水资源压力当中。中国人口众多，人均水资源占有量大大低于世界平均水平，同时由于水资源地理分布不均，水资源的供需矛盾非常严重。《中共中央关于制定国民经济和社会发展第十三个五年规划的建议》强调，实行最严格的水资源管理制度，以水定产、以水定城，建设节水型社会。此建议的提出意在优化水资源利用，以实现社会的可持续发展。因此，如何进一步审视和优化水资源配置决策意义重大，备受世界各国政府和学者的广泛关注。在此背景下，本书借鉴已有研究成果，对区域水资源配置决策问题进行了研究。

　　（1）分析了区域水资源配置系统多层主体间的决策冲突关系。区域水资源配置系统涉及区域水管理局、子区域及众多用水部门（工业、农业和市政用水）等多层巨量子系统。传统的区域水资源决策鲜有综合考虑层级系统中多层参与主体之间的冲突关系，而由单个参与主体做出决定。比如，区域水资源管理者在各子区域间决定水资源分配以实现经济效益最大化，这样就会出现水资源往能取得高效益的子区域流动，而经济效益较低的子区域无法得到充足的水的现象，从而导致较大的区域发展失衡，引发社会的不稳定性。由此可见，如果继续沿用以往的单层模型描绘区域水资源配置决策问题，就意味着单个参与主体将控制所有的决策变量，未考虑水资源配置系统中的其他参与主体的反应，这显然不符合实际情况。因此，本书采用主从对策的研究方法处理多个决策主体参与的区域水资源配置问题，针对不同的区域水资源配置问题，构建单目标主从对策模型或者多目标主从对策模型，从而实现参与主体间的互利共生。

（2）研究了水资源配置决策中存在的复杂高阶不确定性。水资源配置管理系统非常复杂，其受到社会、经济、政治和环境等多方面的影响，导致水资源配置决策存在复杂的高阶不确定性，主要存在两类不确定情况：①水资源系统中存在的随机性。从系统的输入与输出关系来看，由于系统环境的变化可能会影响系统功能的变化，这种变化常常表现为随机性。比如，流域降雨径流量的大小会随着降雨的随机变化而变化，从而表现为随机性。从系统结构及内部状态来看，由于水结构的复杂性，使得人们对水文规律的认识和参数的获得常常带有随机性。比如，对水资源配置参数的试验，常常是随机地选择试验位置，这样得到的参数也存在一定的随机性。②水资源系统中存在的模糊性。水资源系统是一个复杂的系统，在系统输入与输出、系统结构与状态等方面，很多有关的概念界限不分明。比如，我们常说的"洪水季节"与"枯水季节"、"稳定流"与"非稳定流"、"含水层"与"隔水层"等，都是界限不分明的模糊概念。然而在某些情况下，很难采用简单的单个模糊或者单个随机的变量对环境进行描述，而需要同时考虑环境中模糊和随机集合的双重不确定情况，本书根据实际情况，对区域水资源配置模型中的某些参数进行双重不确定的描述，包括水流、调水损失率的模糊随机性，水需求、用水效益以及供水能力的随机模糊性，并全面展示了处理这些双重不确定的方法。

（3）建立了复杂不确定—主多从对策规划模型并设计了相应的求解算法。本书针对不同的区域水资源配置问题，识别各参与主体的决策层次，确定多层结构中上下层的决策目标以及各自的决策变量，并找出上下层是通过什么决策变量和约束条件进行关联与传递的。通过严密的推理和反复的推敲，构建了求解区域水资源配置问题的一主多从对策模型。在建立了相应的模型之后，需要对模型进行求解，通过求解区域水资源配置决策模型找到令所有决策主体满意的最优解，对于指导水资源配置实践会产生重大的影响。因此，本书设计了改进的遗传算法、粒子群算法、人工蜂群算法及其相结合的方法，并根据模型的特点，设计改进了表达方式和更新方式，在实证应用中取得了良好的效果。

本书是在笔者博士论文的基础上修改完成的，在此衷心感谢导师徐玖平教授的悉心指导和无私帮助。徐老师敏锐的学术洞察力、严谨的治学态度以及孜孜不倦的研究精神，使我终身受益。感谢陈爱清、姚黎明、周晓阳、江军、李宗敏博士，他们在本书的写作和出版过程中给予我诸多有益的启发和帮助。

本书的出版得到了国家自然科学基金项目（编号：71801177）；教育部人文社科基金项目（编号：18YJC630163）；中央高校基本科研业务费专项资金资助项目（编号：2018VI068；2019IVB001）的资助。

　　在本书的写作过程中，参考了国内外许多同领域学者的著作以及文献，已尽可能地把诸位学者的成果在参考文献列表中标注，但难免挂一漏万，特向从事本领域研究的同行表示诚挚的感谢，因为有他们先导性的研究才催发了本书的诞生。

　　与此同时，我的亲人在著书期间给予了最大的支持，谨向我的亲人表达深深的谢意！

作　者

2018 年 9 月 7 日

目　录

第1章　引言 …………………………………………………（1）

　1.1　研究背景 ………………………………………………（2）

　1.2　研究现状 ………………………………………………（8）

　1.3　研究内容 ………………………………………………（18）

第2章　理论基础 ……………………………………………（23）

　2.1　主从对策 ………………………………………………（23）

　2.2　智能算法 ………………………………………………（34）

第3章　缺水控制—主多从对策模型及应用 ………………（43）

　3.1　问题描述 ………………………………………………（44）

　3.2　模型构建 ………………………………………………（45）

　3.3　Chaos-based aPSO-eGA 算法 ………………………（57）

　3.4　咸阳市区域水资源配置 ………………………………（65）

　3.5　小结 ……………………………………………………（72）

第4章　供需分析—主多从对策模型及应用 ………………（73）

　4.1　问题陈述 ………………………………………………（74）

　4.2　模型架构 ………………………………………………（76）

　4.3　IABC 算法 ……………………………………………（89）

　4.4　四川渠江盆地水资源配置 ……………………………（95）

　4.5　小结 ……………………………………………………（103）

第5章　市场调控—主多从对策模型及应用 ………………（105）

　5.1　问题概述 ………………………………………………（106）

　5.2　优化建模 ………………………………………………（108）

　5.3　基于交互的 GLN-aPSO 算法 ………………………（117）

　5.4　江西灉抚平原水资源配置 ……………………………（124）

　5.5　小结 ……………………………………………………（139）

第6章 结 语 ·· (140)

6.1 主要工作 ··· (140)

6.2 本书创新 ··· (142)

6.3 后续研究 ··· (144)

附录 A 定理的数学形式证明 ··· (145)

参考文献 ·· (149)

第1章　引言

水资源是人类赖以生存的基本要素，也是人类社会经济—生态环境之间协调发展的战略性资源。随着中国人口的持续增长和经济的快速发展，水资源的供需缺口逐渐扩大，水资源生态环境压力日益凸显，水资源已逐步成为中国最为稀缺的自然资源之一。如何合理地分配水资源，达到水资源的高效利用是处理水资源短缺问题的关键。区域水资源配置需要多个子地区进行政治协商，多个用水部门（主要有农业用水、工业用水、居民市政用水以及生态环境用水）共同参与，并且需要水利工程技术的支撑，在综合考虑经济—社会—生态多目标的条件下，进行系统决策。水资源分配非常注重效率性、公平性和持续性。党的十七大报告中指出，在考虑生态环境维持的条件下，进行水资源的初次分配和再分配都要处理好效率性和公平性的关系，再分配的过程需要更加注重公平性。区域水资源配置过程主要分为三个阶段：第一阶段，区域水管理部门根据各子地区经济社会与水资源情况，提出初步的技术分配方案。第二阶段，各子地区、各用水部门对区域水管理部门制定的初步分配方案进行协商，然后将协商结果反馈给区域水管理部门。第三阶段，由区域水管理部门进行评判。如果区域水管理部门接受协商结果，分配方案即得到确定；如果区域水管理部门不接受协商结果，就回到第一阶段。区域水管理部门重新制定分配方案，进行三个阶段的循环，直到确定最终的分配方案。

从长期规划配置的观点来看，开发新的水资源可以满足不断增长的水资源需求，然而，开发过程中产生的巨大社会、经济和环境影响可能导致这个方法失效，同时不良的水资源配置会导致更加严重的水资源短缺危机。区域水管理部门在分配水资源给各个地区之后，各个子地区为市政、工业以及农业部门提供水。当各部门的水资源需求在一段时间内都处于迅速增长过程中时，水资源的可利用程度是一个尤为重要的问题。因为水资源既是人类赖以生存的基本要素，也是人类社会经济与生态环境之间协调发展的战略性资源。

提高水资源的可利用程度的一个重要的举措就是进行水资源的合理配置，

然而进行水资源配置面临着多个方面的问题。一方面，由于人口快速增长和经济发展，在不同的水资源使用者中存在着用水冲突。例如，同区域内的许多旅游景点吸引了越来越多的游客，同时促进了交通、饮食和服务业的发展，从而提高了对水的需求量，当这一部分的水得到满足时，其他的水资源使用者所能获得的水量势必会相应减少，从而不利于其他水资源使用者的发展；同时由于社会—经济—生态环境之间协调发展的要求，水资源的分配需要权衡多个角度的要求。另一方面，水资源管理系统非常复杂，其中包括经济与技术数据的不确定性、系统组成部分的动态变化、水资源的随机性、水资源分配的政策变动，还有资源的有限性、污染容纳能力的限制等。例如，水资源的可利用程度随着河流径流量动态波动，工业与农业的不同生产要求导致对水资源需求的不确定。

综上所述，多种决策层次结构、多个决策目标越来越多地在区域水资源分配中被充分体现，并且除了决策者的多层次性、决策目标的多样性之外，水资源分配问题中的另一个重要特征就是输入信息的不充分。根据信息论，信息的不充分是绝对的，充分是相对的。信息的不充分表现为不确定性，具体表现形式有随机性、模糊性以及其他的多重不确定性等。在现实决策过程中，信息的不确定性既有缺失客观数据所造成的随机性，也有由于决策者主观意识带来的模糊性，因此仅仅考虑某一方面都是有失偏颇的。由此可见，考虑区域水资源配置中的多层次、多目标以及双重不确定环境问题成为必然。

1.1　研究背景

水资源是生态环境的重要组成部分，是一种有限的可再生资源。水资源在人类的生存和发展中扮演着举足轻重的角色，它在工业发展、农业灌溉以及生态环境维护方面具有不可替代的作用。自 20 世纪中叶以来，由于世界人口的急速增长，造成了水资源需求量的大幅度增加、水资源浪费在现象愈发严重、水资源开发过度以及水污染现象日益加重等一系列问题。如今，全球淡水资源的供需已经存在巨大的缺口，由于区域水资源的时空分配不均，水资源供给矛盾成为水资源日益匮乏地区经济发展的主要瓶颈[38]。水资源问题已经成为世界各国政府和学者广泛关注的问题。

随着社会经济的发展，越来越多的人们已经意识到水资源对于社会发展的价值，现在已经有非常多的国家，无论是水资源相对丰富的国家还是水资源相对贫乏的国家，都在全方位地进行水资源有效管理方面的研究，以解决有限的水供给和日益增长的水需求之间的矛盾。从水资源的规划历程来看（见图 1.1），在历史前期，由于水资源的含有量相较于水资源的需求量有相当大的盈余，人们进行水资源的基础设施建设，加强水开发等措施，即"开源"，使得可用水的数量增加，以满足人们日益增长的水需求。但是，由于人们对水需求的持续增长，通过水资源的开发已经达到瓶颈，并且只通过水资源开发容易造成水资源的严重浪费，因此，人们开始寻求另外一种水规划方案，以促进水资源合理分配，进行水资源需求管理，即"节流"，通过这种方式寻求有效的水资源优化配置方案，刺激社会各界形成自发的节水理念，用有限的水资源促进社会、经济和环境健康平稳和持续发展，实现水资源的可持续利用。

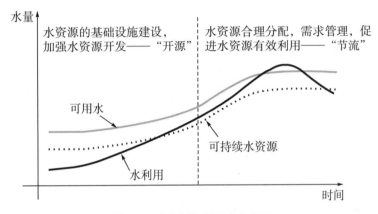

图 1.1　水资源规划的变化历程

中国作为世界上最大的发展中国家，水在经济发展过程中起到了关键性的作用，中国经济快速平稳发展，水资源的需求和消耗非常的巨大。同时，中国也是一个人口超级大国，对于水资源的需求量相较于其他国家要多得多。在现阶段，中国的水资源主要呈现以下几个方面的特征。

1.1.1　水资源缺乏成为经济发展的制约因素

我国现在正在面临越来越严重的水资源匮乏问题[122]，国民经济的增长、城市化水平的提高、人口总数的增加以及气候变暖等因素使得对水资源需求量不断增加，然而由于我国特定的地理条件和气候条件、水资源开发建设活动扩大、对水资源保护不力、缺乏对水资源的有效管理、水资源浪费污染严重、缺乏水资源的优化配置策略等，使得水资源的供需缺口越来越大，水资源日益缺乏，水质污染等情况的日益加剧，饮用水不洁导致民众患病的情况时有发生，河流的开发利用率已超过 $30\%\sim40\%$ 的国际生态警戒线，不论城乡、地下水都已经出现严重的超采现象，水资源的匮乏已成为制约我国经济发展的重要因素之一[3]。

根据 2011 年中国水资源公报，中国的水资源总储量排在巴西、俄罗斯、加拿大、美国、印度尼西亚之后，位居世界第六位。但是由于我国人口基数很大，我国人均水资源量约为 2100 立方米/人，只能达到世界平均水平的 1/4（见图 1.2），相当于美国人均水拥有量的 1/4，印度尼西亚人均水量的 1/6，马来西亚人均水量的 1/10，世界排名 100 多位，属于水资源贫乏的国家。

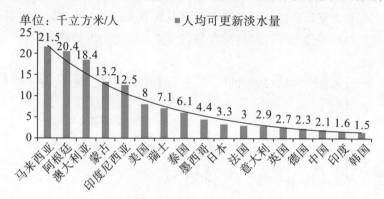

图 1.2　世界人均水资源拥有量

我国人均水资源拥有量小。由于人口基数大，我国人口还在不断地增长。据统计，1978 年中国人口总数为 9.63 亿，到 1998 年人口总数增加到 12.5 亿，净增加总人口数 2.9 亿，此后人口仍不断增加，到 2016 年已超过 13.8 亿。由于水资源的总量常年基本保持不变，加之水污染现象不断加重，可用的水资源总量还有降低的趋势，人口的增多加剧了我国水资源缺乏的问题。下面从水资源的三个主要用水部门进行分析：从农业用水方面看，由于我国人口的增长，人们对于粮食的需求增加，对于粮食的生产就有更高的要求。据统计，1978 年，我国的粮食产量约为 3.0 亿吨，2011 年这个数字达到 6.16 亿吨，增长幅度高达 105.3%。由于农业灌溉用水本身需求量高，农业用水的经济效益相对其他产业较低，所以会发生其他产业挤占农业用水的情况，加之农业用水需求量的增加，因此农业缺水情况一直比较严重，这就限制了我国农业生产的发展。从城市居民用水方面看，我国城市化进程在改革开放之后得到了飞速的发展，1978 年我国城市化水平只有 17.92%，2016 年我国城市化水平约为 1978 年的 3.2 倍，达到 57.4%。因此，城市居民用水的需求也随着城市化进程有了大幅度的增长。2011 年我国城市的全年总供水量为 580.7 亿立方米，较 1990 年的 382.3 亿立方米增长了 51.9%。从这组数据可以看出，城市人口的增长幅度比全国城市总供水量的增长幅度大得多,说明城市居民水资源的人均拥有量也在逐年减少。水资源的缺乏无疑越来越影响着城市居民的用水情况。从工业用水方面看,20 世纪以来,我国工业用水量一直在不断增加,2000 年我国工业用水量为 1139.1 亿立方米,2016 年增加到 1380.6 亿立方米,增长了 21.2%。由于工业生产在我国经济发展中扮演着重要的角色,因此,若工业用水缺乏,将严重影响我国经济的发展。综上可知,人口的增加加重了水资源的缺乏,而水资源缺乏严重影响着农业用水、城市居民用水以及工业用水情况,成为制约我国可持续发展的因素。

1.1.2　水资源南北分布极不平衡

我国幅员辽阔,各个地区的降水量具有较大的差别,地表水和地下水分布不均衡;同时,由于各地区发展情况不一,水利工程水平不同,不同地区的水土保持能力差距很大。各省水资源的分布也很不平衡[21,31]。从水资源人均拥有量方面看,在经济欠发达、人口较稀少的地区,水资源人均拥有量相对较多,西藏地区水资源人均拥有量为 15.3 万立方米/人,青海地区为 1.2 万立方米/人;而在一些经济发达、人口密集的地区,比如北京、天津、河北、上海、山东等地区,水资源人均拥有量非常少,这些地区水资源人均拥有量均低于500 立方米/人,其中天津仅为 103.3 立方米/人。按照国际公认的标准,水资源缺乏等级可见表 1.1。由此可知,北京、天津、河北、上海、山东等地区都低于极度缺水线,属于极度缺水地区。

表 1.1　缺水等级

序号	1	2	3	4
人均水资源量	<3000 立方米/人	<2000 立方米/人	<1000 立方米/人	<500 立方米/人
缺水等级	轻度缺水	中度缺水	严重缺水	极度缺水

我国水资源分布极不均衡。水利部 2016 年水资源公报显示,全国北方 6 区 2016 年水资源总量为 5592.7 亿立方米,占全国水资源总量的 17.2%,但总用水量却占全国的 45.5%,而南方 4 区 2011 年水资源总量为 26873.7 亿立方米,占全国水资源总量的 82.8%,但总用水量只占全国的 54.5%(见表1.2)。

表 1.2　2016 年北方 6 区及南方 4 区的水资源分布

水资源一级区	地表水资源量（亿立方米）	地下水资源量（亿立方米）	地下水与地表水不重复量（亿立方米）	水资源总量（亿立方米）	比例（%）	总用水量（亿立方米）	比例（%）
全国	31273.9	8854.8	1192.5	32466.4	100	6040.2	100
北方 6 区	4577.3	2704.4	1015.4	5592.7	17.2	2748.9	45.5
松花江区	1278.8	497.0	205.2	1484.0	4.6	500.7	8.3
辽河区	385.3	212.0	104.4	489.8	1.5	197.3	3.3
海河区	204.0	259.9	183.9	387.9	1.2	363.1	6.0
黄河区	481.0	354.9	120.7	601.8	1.9	390.4	6.5
淮河区	732.6	428.2	277.0	1009.5	3.1	620.4	10.3
西北诸河区	1495.6	952.4	124.2	1619.7	5.0	677.0	11.2
南方 4 区	26696.6	6150.4	177.1	26873.7	82.8	3291.3	54.5
长江区	11796.7	2706.5	150.3	11947.1	36.8	2038.6	33.8
其中：太湖流域	404.4	68.0	34.8	439.2	1.4	335.8	5.6
东南诸河区	3102.2	636.1	11.3	3113.4	9.6	312.2	5.2
珠江区	5913.4	1394.7	15.5	5928.9	18.3	838.1	13.9
西南诸河区	5884.3	1413.1	0.0	5884.3	18.1	102.4	1.7

数据来源：2016 年水资源公报。

1.1.3　水资源污染现象仍然严重

根据我国环境保护局的统计，我国 1/3 的水体已经不能直接使用，重点流域 40% 以上的水质已经不达标，由于工业生产用水以及城市居民用水污水的大量排放，流经城市的河流已经普遍受到了污染，近海水域也接受了许多未经处理而排放的污水，因此经常发生赤潮。除了城市地区，农村的水污染情况也不容乐观，有许多农产品受到了污染，我国有相当一部分农村人口无法得到合格的饮用水。

另据全国人大常委会的执法调查，全国七大水系中劣五类水体占 30% 左右，这意味着水体已经失去使用功能，其中污染最严重的淮河，五类水已占 60% 以上。另有专家对 180 个城市进行的调查分析，全国地下水已经被普遍污染。水污染问题加剧，是因为高消耗、高污染行业盲目扩张，污染处理不力，以及执法不严。2014 年，全国废水排放量 716.2 亿吨，其中，工业废水排放量 205.3 亿吨，占废水排放总量的 28.7%；生活污水排放量 510.3 亿吨，占废水排放总量的 71.3%（见表 1.3）。

表 1.3　2014 年全国废水及其主要污染物排放情况

类别	排放源				
	合计	工业源	农业源	城镇生活源	集中式污染治理设施
废水/亿吨	716.2	205.3	—	510.3	0.6
化学需氧量/亿吨	2294.6	311.3	1102.4	864.4	16.5
氨氮/亿吨	238.6	23.2	75.6	138.1	1.7

注：①农业源包括种植业、水产养殖业和畜禽养殖业排放的污染物。

②集中式污染治理设施排放量指生活垃圾处理厂和危险废物（医疗废物）集中处理厂垃圾渗滤液/废水及其污染物的排放量。

2011 年，松花江区、辽河区、海河区、黄河区、淮河区、长江区、珠江区、东南诸河区、西南诸河区和西北诸河区十大流域废水排放量分别为 25.9 亿吨、27.9 亿吨、67.1 亿吨、40.9 亿吨、90.3 亿吨、213.9 亿吨、110.9 亿吨、64.1 亿吨、6.1 亿吨和 12.2 亿吨，其中工业源排放与生活用水排放的比例可见图 1.3。由图 1.3 可知，各地区生活用水排放的比例普遍较工业源排放污水比例要高。其中，工业废水排放量、城镇生活污水量排放居第一位的均为长江区，分别占十大流域片工业废水排放量、城镇生活污水量的 30.7%、33.4%。

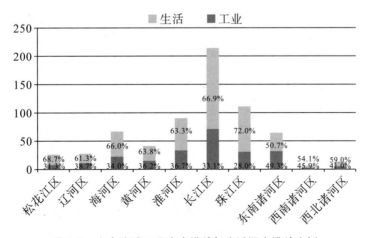

图 1.3　十大流域工业废水排放与生活污水排放比例

由以上内容可知，水资源污染对于生产和生活各个方面都产生了影响，造成了水质性缺水的问题，因此，我国水资源配置需要同时考虑水量性缺水和水质性缺水两个方面，这增加了水资源配置的难度。本书旨在通过建立合理有效的水资源配置方案，以尽量减小水量性缺水的问题，同时在配置过程中考虑水污染控制，以减小水污染造成的水质性缺水情况。

1.2 研究现状

由于本书主要研究区域水资源配置—主多从对策问题，而一主多从对策问题是类主从对策问题，因此，下面分别对区域水资源管理以及主从对策问题两个部分进行分析。通过对现有的文献汇总分析，对这两方面的研究现状以及研究热点进行总结，分析文献时，采用基于 NotExpress 与 NodeXL 软件的系统化文献研究方法（NN-SRM）对相关文献进行梳理。该文献研究方法分析流程如图 1.4 所示。

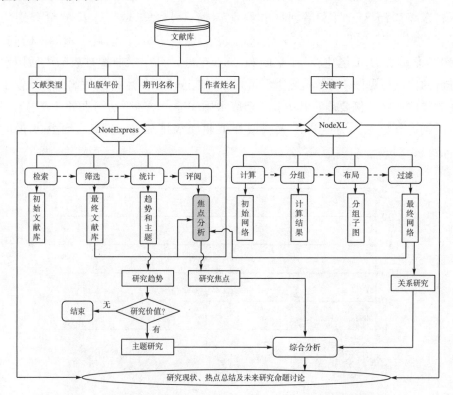

图 1.4　基于 NoteExpress 与 NodeXL 软件的系统化文献研究方法

1.2.1　水资源配置

水资源的合理配置在水资源的可持续利用与人类社会的协调发展中起着至关重要的作用。近一个世纪以来，随着水利工程技术的提高以及社会经济的不断发展，水资源管理呈现合理化、多样化以及集约化的态势，这种发展变化在我国的农业灌溉管理方面的表现尤为明显。随着日益增加的水利工程，水资源配置的基础设施建设以及管理手段得到了进一步完善。与此同时，我国在水资源系统优化调度和分配、水环境保护战略以及节水措施制定与完善等方面都取得了很大的进步，这些改变使得水资源的合理配置成为可能。水资源合理配置问题对于解决水缺乏危机的关键性和重要性吸引着众多学者为之不断探索。

对水资源合理配置的研究源于 20 世纪 40 年代，Masse 首先提出了水库优化调度问题。之后水资源配置研究中引入了系统分析理论和优化技术，并且采用计算机技术进行计算求解，使得水资源系统模拟模型技术得到了广泛的研究以及应用。由于水资源系统中包含各类社会政治等非技术性因素，水资源决策系统非常复杂，决策者个人偏好等原因增加了水资源系统的复杂性。因此，采用简单的优化技术并不能很好地把握全局，得到预期效果，而水资源的模拟模型技术可以详细地描述水资源系统内部非常复杂的关系，通过采用计算机技术进行有效的计算与分析，最终获得满意的结果，为水资源系统的实际调度运作以及水资源合理规划提供科学依据。

水资源的模拟模型的研究起始于 1953 年，美国陆军工程师兵团（USACE）设计了水资源模拟模型以解决美国密苏里河流域 6 座水库的运行调度问题[107]，随后采用数学模型的方法描述水资源系统问题更为普遍。例如，1973 年，Cohon 和 Marks 对水资源多目标问题进行了研究[70]；1974 年，Mulvihill 和 Dracup 针对洛杉矶的水资源系统建立了合作运营的城市用水与污水系统的数学模型[173]；1982 年，针对渥太华（Ottawa）流域及五大湖（Great Lakes）系统的水资源规划和调度问题，加拿大内陆水中心（CCIW）设计了一个线性规划网络流算法对其进行了解决；1983 年，Sheer 采用优化和模拟相结合的技术建立城市配水系统，将其运用到华盛顿特区中。

随着对水资源配置研究的不断发展，自 20 世纪 70 年代末以来，西方国家就开始对水资源配置过程中，社会—经济—环境的协调发展予以了密切关注。我国对于水资源合理配置问题的研究起步较晚，但是发展相对迅速。我国对于水资源分配的研究始于 20 世纪 60 年代，最早进行了水库优化调度的研究。经过近 20 年的发展，以华士乾教授为首的研究团队利用系统工程的方法对北京地区的水资源进行了研究，随后在国家"七五"项目中进行了提高以及运用[15]。华士乾教授团队的该项研究考虑了水利工程建设次序、水资源开发利用、水资源量的区域分配以及水资源利用效率在国民经济发展中所起的作用，从而形成了水资源系统中水量合理分配的雏形，为之后的水资源分配的研究起到了重要的指导作用。20 世纪 80 年代后期，我国开始水资源合理配置及承载能力的研究，并取得初步成果。刘昌明和杜伟探讨了农作物水资源配置的效果计算，包括反应分析、解析分析与系统优化分析[10]。陈铁汉探究了江西省锦江流域水资源配置方案[2]。进入 20 世纪 90 年代后，人们在系统地总结以往研究结果、考虑宏观经济大环境的基础上，提出采用系统的方法，并且通过该方法指导区域水资源规划实践，从而形成了基于宏观经济的水资源优化配置理论。同时在这一理论的指导下，将多层次规划方法、多目标规划方法以及群决策方法运用到水资源配置系统中。例如，唐德善运用多目标规划的决策思想方法，建立了大流域水资源多目标优化分配模型，并将其运用到黄河流域中[22]。路京选提出了多目标、多水源地和多用户水资源系统管理的专家系统决策模型[17]。王根绪和程国栋利用二层系统最优化理论，提出了内陆河水资源优化分配的二层动态规划方法及其数学模型，并以黑河流域为例验证了该方法的有效性[5]。

　　如果现在要建立一个水分配方案，首先要进行详细的现状评估，即确定可用水量、当前的水使用情况、期望的将来水需求以及满足环境目标的水要求，这个信息可以用来开发不同的分配方案。这些方案往往通过其社会、经济与环境结果进行评估。这个流程的一个实例如图 1.5 所示。

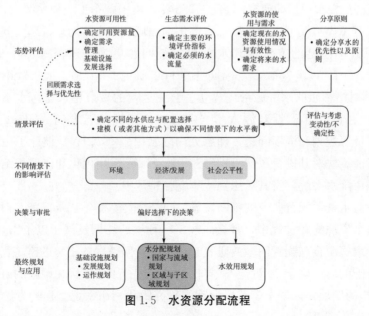

图 1.5　水资源分配流程

目前，从我国水资源优化配置的理论与实践研究结果来看，水资源的配置模式主要分为"以需定供"配置模式、"以供定需"配置模式、基于宏观经济配置模式、可持续发展配置模式。这几种配置模式的主要特点见表 1.4。

表 1.4 水资源配置模式及特点

水资源配置模式	特点	缺点
"以需定供"配置模式	①以经济效益为唯一目标；②以过去或目前国民经济结构和发展速度资料预测未来的经济规模；③通过预测的经济规模预测相应的需水量，并以此得到的需水量进行供水工程规划	①忽视影响需水量的诸多因素间的动态制约关系，导致水资源的过度开发；②没有体现水资源的价值，导致水资源浪费
"以供定需"配置模式	①以水资源供给的可能性进行生产力布局，强调水资源的合理开发利用；②以水资源背景布置产业结构，有利于保护水资源	可能导致与经济发展的不协调
基于宏观经济配置模式	①考虑水资源供需平衡；②进行投入产出分析，考虑区域经济结构和发展规模，将水资源优化配置纳入宏观经济系统，以实现区域经济和资源利用的协调发展	①忽视资源自身的价值和生态环境的保护；②与环境产业的内涵及可持续发展概念不相吻合
可持续发展配置模式	遵循人口、资源、环境和经济的协调发展的原则，在保护生态环境的同时，促进经济增长和社会繁荣	在模型结构及模型建立上与实际应用都还有相当的差距

在以往的水资源规划中，对于水资源的需求预测主要集中在工业、农业与生活用水三个方面，较少地考虑生态用水的需求，因为工业、农业以及生活用水主要体现了水资源规划的经济效益方面，而生态用水则主要体现了水资源规划的环境保护方面。因此可以看出，以往的水资源规划针对经济规律的研究较多，而忽略了对自然规律的研究。进入 21 世纪，水资源规划必须着眼于社会—经济—环境的可持续发展，首先确定流域内的基本生态用水需求，在此需求得到保证的前提条件下，再将剩下的水资源在各个经济部门（工业、农业以及居民用水）之间进行优化配置[30]。在进行水资源分配时，必须遵循以下原则：在水资源缺乏的条件下，基本的生态用水需求必须首先得到满足，在生态用水需求得到保证的前提下，当经济用水受限时，充分考虑水资源条件，一方面考虑采取节约用水措施，增加单位用水效益；另一方面可以调整区域内工业、农业生产结构以及布局，使有限的水资源得到合理的利用。由于水资源系

11

统是一个非常复杂的系统,要实现水资源的合理及有效的配置,各个子区域与各个部门必须进行协同配合,由此达到水资源在生态用水、工业用水、居民用水以及农业用水部门间的合理配置。近年来,关于水资源分配问题的研究有很多,运用了许多方法、模型以及算法去解决水资源分配问题。例如,Shangguan 等提出了一个循环控制模型以实现区域灌溉水资源最优配置,取得最大的全局有效性[200]。Cai 等考虑了多个决策者的复合方法,以解决区域水资源规划问题。该方法结合了多目标分析、多属性决策以及群决策等多种方法[60]。Abolpour 等采用了自适应神经网络方法,模拟一个流域内多个内部连接的子区域以解决一个大流域内短缺水资源的分配问题[32]。Wang 等运用了一个混合遗传模拟退火算法,提出一个基于生态环境水需求的水资源配置问题模型[227]。胡洁和徐中民针对流域初始分配问题设计了一个基于多层次多目标模糊优选法[27]。Guo 等提出了一个处理不同部门之间水资源优化配置的二层模型,探究了如何在维持和提高生态环境的基础上来提高水资源分配的经济效益[106]。

社会经济的发展与气候所造成的现在与将来的变化会导致很高的不确定性。不确定性有可能与平均可用水、大的气候变动性以及自然的有限信息相关。这些不确定性与其他的因素会导致将来的严重的不确定性[208]。由于水资源分配系统的复杂性以及动态性,不确定环境研究成为国内外学者研究水资源分配问题的热点[50,81,119,175,198,211]。在水资源分配系统中的不确定环境的研究中,不少的学者进行了模糊环境方面的研究。例如,Kindler 采用了一种模糊分配模型来合理分配水需求[33]。Abolpour 等采用了一种自适应神经模糊推理系统方法来模拟伊朗一个流域总的 7 个相连子区域[32]。Hu 等提出了一个基于有限α-截集的区间值模糊线性规划方法来处理水资源管理问题[159]。有些学者还进行了随机环境方面的研究。例如,Alaya 等运用了一个随机动态规划的方法来优化 Nebhana 水库水资源配置[37]。Reca 等设计了一个缺水灌溉系统的水资源优化配置模型,在这个模型中考虑了可用水以及水需求的随机性[183]。Vanden Brink 讨论了区域范围内的地下水的转移模型中的随机不确定性,并进行了灵敏度分析[216]。Jafarzadegan 等采用了一个整合随机动态规划模型来讨论流域水资源配置中的水流的不确定问题[121]。更有一些学者同时考虑了水资源分配系统中的模糊和随机混合的不确定环境。Sutardi 等提出了一种结合随机动态规划(Stochastic Dynamic Programming, SDP)与模糊整数目标规划(Fuzzy Integer Goal Programming, FIGP)的建模框架来处理水资源投资规划中预算与社会技术内在不确定多目标—多属性序贯决策问题[210]。

Maqsood 等设计了一种区间参数模糊两级随机规划方法来处理水资源管理系统中的不确定性[165]。Ganji 等提出了一个模糊随机动态纳什博弈分析方法来管理一个水库系统中的水资源配置问题[95]。

由以上内容可知，水资源配置系统是一个非常复杂的系统，需要在考虑各项相关政策、经济、技术与环境数据的不确定性，环境承载能力的同时，尽量满足各个用水部门的用水情况（见图 1.6）。一个合理的水资源配置决策需要尽量考虑以上的这些条件，同时满足水资源配置的公平性、有效性和可持续性原则。

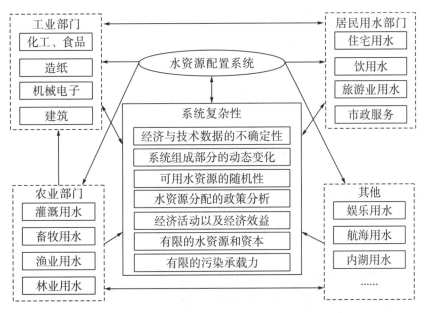

图 1.6 水资源管理系统中不同组成成分的内在联系[147]

2000 年至 2014 年，在 Web of Science 数据库中搜索关键词"water resources allocation"得到数据。之所以选择 Web of Science 数据库，是因为该数据库是学术界权威的、大型综合性引文索引数据库，包含超过 8000 种学术界内最有影响力的、同行评议质量高的期刊，完全满足对水资源配置问题的文献研究需求。采用 NoteExpress 软件导入题录，研读每条记录的摘要，删掉其中的重复题录，并删掉与主题关系不大的题录，得到记录数为 170 的最终水资源配置问题的数据库。统计题录中的研究者、题录发表年份和论文发表的杂志，可得到如表 1.5 所示的结果。由表 1.5 可以看出，2000—2014 年从事水资源配置研究的学者主要包括 Huang，Wang，Li 以及 Hipel 等。Huang 和 Li 主要集中于水资源配置模型及算法研究[66,146-148,226]。Wang 等主要研究了我国水资源配置南水北调运输工程[67,228]，同时其还集中研究了流域水资源配置问题[4,176]。Hipel 等主要集中于合作型水资源配置问题以及水资源配置公平性的研究[112,223-225]。

表 1.5   水资源配置文献题录统计

项目	结果
研究者	· 研究学者的分布较为分散 · 发表最多水资源配置研究论文的是 Huang，共 8 篇 · 其次为 Wang，Li，Hipel，5 篇 · 然后为 Kucukmehmetogu，Kerachian，Guo，Gui，4 篇
年份	· 5 篇（2.94%）研究论文来自 2000—2002 年； · 23 篇（13.53%）研究论文来自 2003—2005 年； · 29 篇（17.06%）研究论文来自 2006—2008 年； · 53 篇（31.18%）研究论文来自 2009—2011 年； · 60 篇（35.29%）研究论文来自 2012—2014 年
期刊	170 篇论文中有 93 篇在期刊上发表，其中重要的水资源配置研究论文的发表期刊包括： · Water Resources Research：17（10.000%）； · Journal of Water Resources Planning and Management：4（2.353%）； · Stochastic Environmental Research and Risk Assessment：3（1.765%）； · Resources Conversation and Recycling：3（1.765%）； · Journal of Environmental Management：3（1.765%）
出版方	· TRANS TECH PUBLICATIONS LTD：15（8.824%）； · SPRINGER-VERLAG BERLIN：7（4.118%）； · IEEE：4（2.353%）

水资源配置文献题录类型分布如图 1.7 所示。由图 1.7 可见，大多数的水资源配置文献为期刊文章，书的章节与会议论文集的比重较小且相差不大。

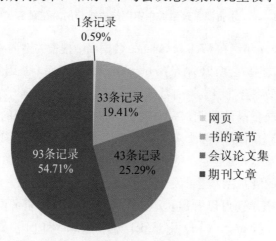

图 1.7   水资源配置文献题录类型分布

水资源配置文献题录年份分布如图 1.8 所示，2009 年的水资源配置文献数量最多，由单个年份的文献数量线性趋势线以及以 3 年为一个区间的文献统计量可以看出，随着时间的推移，水资源配置文献具有增长的趋势，可见水资源配置问题越来越受到重视。

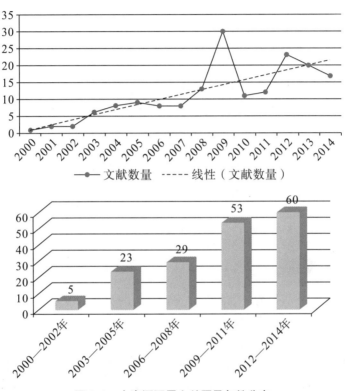

图 1.8　水资源配置文献题录年份分布

采用 NodeXL 软件分析关键词的结果如图 1.9 所示，除了共同的基础关键词水资源、管理、系统等，比较突出的关键词还包括遗传算法、多目标规划、博弈分析，表明现阶段研究水资源配置问题已经更多地偏向于实际问题的研究与运作，建立规划模型并且进行具体问题分析与求解已经成为热点，研究不再仅仅停留在制定政策与规则研究。同时，还有一些表示研究环境的关键词，比如不确定与随机规划，说明不确定环境的研究也是水资源配置问题研究的一个热点。此外，水库运作和灌溉问题也是水资源配置的主要研究方向。

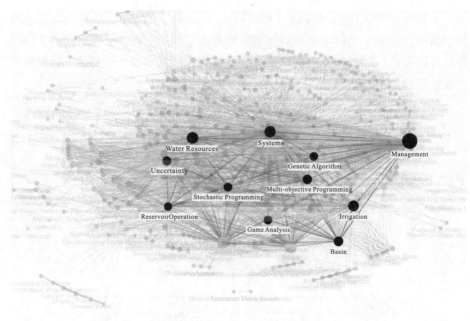

图 1.9　采用 NodeXL 分析关键词

1.2.2　主从对策

层次性是人类所处的复杂的综合集成系统的重要特征之一，大多数的决策都是在层次性环境下做出的，针对这种特征的决策问题，人们称之为主从对策问题，或者称为二层规划问题。主从对策问题的最早研究可追溯到 1934 年由 Stackelberg 在 *Marktform and Gleichgewicht* 中提出的双寡头模型[220]，而主从对策的数学模型则于 1973 年由 Bracken 和 McGill 首次提出[56]。在随后的 40 年间，主从对策在理论、方法和应用等方面都取得了极大的发展，逐渐成为运筹学和决策科学领域的研究热点问题[24]。

主从对策模型主要包括经典模型、线性主从对策模型、多目标主从对策模型和一主多从对策模型四类。在主从对策规划中，存在主导者和从属者两类决策者。其决策过程一般表示为：①主导者制定自己的决策；②从属者以主导者决策为依据，在考虑自身的利益的同时，对主导者决策做出合理的反应；③主导者根据从属者反应，对自己的决策做出调整以寻求全局利益最优化的决策。当模型的所有约束条件与决策目标都为线性形式时，模型为线性主从对策模型。如果在一个主从问题中，包含一个决策主导者和 m（$m>1$）个决策从属者，此即为本书的研究模型。在此种决策过程中，主导者选择策略后，m（$m>1$）个从属者依次对主导者决策做出反应决策，此种模型即为一主多从对策模型。

除此之外，还包括分式线性主从对策模型和非线性主从对策模型等[41,62,88,166]。

　　主从对策研究主要包括理论研究、算法研究和应用研究：①理论研究方面。主从对策的主要理论性质包括复杂性、最优性、独立性和对偶理论。文献[24,109]对主从对策问题的求解复杂性做了相关研究。在最优性方面，文献[44,45]对主从对策问题的最优化条件进行了深入的研究。Macal 和 Hurter 在文献[163]中研究了主从对策中的独立性问题，并且给出了不相关约束独立性存在的充分和必要条件。而文献[28]则讨论了主从对策的对偶规划问题。②算法研究方面。由于结构的复杂性，主从对策问题的求解算法也相对复杂，文献[205]对主从对策问题的求解算法进行了分类。主要类别有极点算法[202]，其主要针对线性模型；变换算法[47]，将主从对策规划转化为单层规划；下降和启发算法[61,197]；智能算法[63,97]和其他算法[42,229]。③应用研究方面。主从对策方法的应用领域主要有交通运输[168]、工程设计[135-136]、资源分配[55,160]、生产计划[131]、供应链管理[23]等。

　　文献[11,12]对 2014 年以前的主从对策研究已经做了系统的回顾。与前面类似，再通过 NoteExpress 软件发现 2014—2015 年从事主从对策研究的学者主要包括 Wan，Xu 以及 Wang 等。Wan 和 Wang 等主要集中于主从对策求解算法的研究[161,185-187,221,243,244]。Xu 等主要研究了主从对策在实际管理中的应用[93-94,150,231]。通过 NodeXL 分析关键词如图 1.10 所示，发现优化（Optimization）、模型（Model）、算法（Algorithm）为主从对策研究的核心关键词。学者们在主从对策研究中主要关心的三个问题是：①如何用主从对策的方法来对现实问题进行优化；②如何建立主从对策模型来描述现实问题；③针对建立的模型，如何采用合适的求解主从对策模型的算法。遗传算法（Genetic Algorithm）是一个重要的关键字，说明其是主从对策问题中研究得较多的一类算法。从此方面来看，与 2014 年以前的研究相比，2014—2015 年主从对策研究的核心问题并没有改变。

　　通过对水资源配置以及主从对策的研究现状的总结，本书将对区域水资源配置的几个具体问题进行具体分析，分析问题中主从对策结构、多目标以及不确定等的存在性，建立相应的主从对策模型，通过对主从对策模型进行相应的处理解析，采用相关的智能算法（比如遗传算法、粒子群算法或者人工蚁群算法）对模型进行求解，并将建立的模型与算法应用到各实例中，以验证模型与算法的有效性。

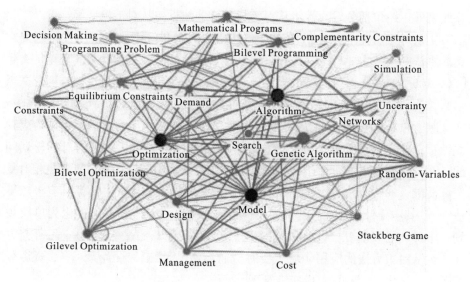

图 1.10 通过 NodeXL 分析关键词

1.3 研究内容

在水资源越来越匮乏的时代，水资源矛盾成为许多地区经济发展的主要瓶颈，同时不同的用水者（包括环境用水者）争夺有限的水资源，矛盾往往会升级。为了实现可持续发展和保证社会的和谐稳定，必须建立健全水资源分配的相关法规，研究出有效的方法，在水资源相对匮乏的区域，这种措施尤为重要。区域之间的水资源分配往往遵循以下三个原则[87]：

（1）公平性原则。公平性是指流域水资源为所有的利益相关者公平共享。

（2）有效性原则。有效性与水资源的经济效用相关，使得利益最大化，成本最小化。

（3）可持续原则。在可持续原则条件下，在合理利用水资源创造经济效益的同时，不能对环境造成损害。

然而，在水流域要同时满足以上三个原则是非常困难的[223]。技术进步、日趋多样化的需求以及越来越复杂的决策环境，对区域水资源配置规划决策提出了更高的要求。不确定性已经受到了许多研究水资源配置问题的学者们的广泛关注，但是对不确定的研究主要集中于单重不确定方面的研究，缺乏对双重不确定方面的考虑。本书以水资源的分配原则为导向，以决策科学理论为主要工具，以智能算法为主要技术，对不确定区域水资源配置优化模型及其应用展开研究。

1.3.1　研究思路

　　针对研究对象区域水资源优化配置问题，通过对研究背景的总结，研究现状的综述，形成了研究思路。

　　主题内容分为三个部分：第一部分为区域水资源配置缺水控制问题，建立区域水资源配置缺水控制的一主多从对策模型，讨论模型中的随机模糊不确定性，对随机模糊期望目标机会约束主从对策模型的性质展开探讨，然后设计基于混沌的自适应粒子群最优算法与基于熵—铂尔曼选择的自适应遗传算法相结合的方法（Chaos－based aPSO－eGA 算法）来求解这个模型，最后通过陕西省咸阳市的水资源配置案例来验证模型和算法；第二部分讨论不同的水供需情境下的区域水资源配置决策问题，描述其中蕴含的主从策略问题，从而建立区域水资源配置供需分析一主多从对策模型，根据实际情况引入了连续模糊随机变量来描述决策环境中存在的不确定性，并且根据不确定变量的性质，首先将模糊随机变量转化为梯形模糊数，然后采用期望值算子将模糊数去模糊化，将其转化为确定型变量，引入改进的人工蚁群算法（IABC）对模型进行求解，最后将模型和算法应用到四川省渠江盆地进行应用研究；第三部分讨论结合宏观调控与基于市场的区域水资源配置决策问题，建立一个区域水资源配置市场调控多目标一主多从对策模型，根据实际情况讨论了离散模糊随机变量和连续随机模糊变量，并且研究了不确定变量至确定变量的转化过程，通过引入多目标交互式模糊规划与改进的粒子群算法进行求解，最后将模型和算法应用到江西省瀚抚平原流域进行应用研究。

　　由此可见，在研究过程中，明确研究的出发方向，首先讨论的是区域水资源配置问题中存在的主从对策问题，其次讨论区域水资源配置问题中存在的模糊与随机共存的双重不确定问题，根据实际情况总结出相应的不确定环境，在讨论问题中主从关系以及分析和处理不确定环境的基础上，建立贴合实际的不确定一主多从对策模型，并设计相应的求解方法，将模型运用到实际问题中，以验证模型与算法的有效性。

1.3.2　技术路线

　　基于对区域水资源规划以及主从对策现有研究文献的整理，形成了上面的研究思路，并以区域水资源规划理论、一主多从对策理论、不确定决策理论和多目标理论为基础，以运筹学优化方法和智能算法为主要工具，在水资源管理框架下，以不同实际水资源管理问题为主线展开研究。根据研究思路，本书的技术路线（见图1.11）如下：

（1）在详尽了解问题的背景后，对相关理论及资料进行全面检索与回顾，从而掌握研究进展及存在的相关问题。

（2）对区域水资源配置的现状进行分析，总结出几类区域水资源配置模型，进而分别进行数学建模、算法设计以及应用研究。

（3）对所获资料进行汇总和整理，对问题进行系统化的分析和比较，得出相应的结论。

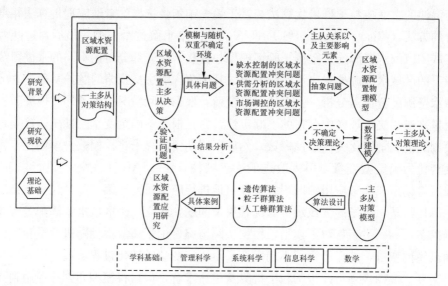

图1.11　研究技术路线

1.3.3　研究框架

研究内容包括引言、理论基础、区域水资源配置缺水控制模型及应用、区域水资源配置供需分析模型及应用、区域水资源配置市场调控模型及应用、结语6章，每一章的具体内容总结如下：

第1章为引言，介绍了研究背景、水资源配置和主从对策理论的研究现状，通过文献综述对国内外的相关研究进行了总体评述，并在此基础上提出研究框架。

第2章为理论基础，概述了涉及的主从对策理论以及智能算法基础知识。

第3章主要考虑了区域缺水量控制，建立了一个区域水资源配置的一主多从对策模型。在模型的主导层，区域水资源管理者将缺水量最小化作为区域水管理局的决策目标，其对公共水资源在子区域之间分配作决策，决定分配给每一个子区域的公共水源的水资源量，每一个子区域就可以得到一定数量的水，然而在缺水时节，这一部分水不一定能满足其水资源需求，这时就会出现缺水情况，区域水资源的目的就是最小化所有子区域的缺水总和。在模型的从属层，各个子区域在获得水资源之后将其进行再分配，以满足自身用水部门的用水需求，从而实现各自经济效益最大化的目标。在进行问题讨论时，分析了水资源系统中由于历史数据不充足和未来环境难预料所带来的不确定性。将单位经济效益以及河流承载能力考虑为随机模糊变量，建立了具有期望值目标机会约束的随机模糊—主多从分配模型，通过对具有期望值目标机会约束随机模糊—主多从对策问题的一般模型的讨论，将不确定模型转化成了可以计算的确定型模型。由于模型的复杂性，针对主导层与从属层模型特点，设计了基于混沌的自适应粒子群最优算法（Chaos−based aPSO）和基于熵—铂尔曼选择的自适应遗传算法（EBS−based GA）的混合智能算法。其中，粒子群最优算法用于产生主导层模型的解并进行更新，遗传算法用于求解从属层决策模型的最优解。最后，以陕西省咸阳市的区域水资源配置问题为实例，讨论了模型与求解方法的实际应用，验证了优化方法的有效性。

第 4 章考虑了不同的水资源供需情景条件，针对区域水资源问题提出了一个一主多从对策模型。模型中的主导层决策者为区域水管理者，其目标是最大化各子区域间的公平性，以减小不同子区域以及用水部门的用水矛盾；从属层决策者为各个子区域水管理者，其目标是通过分配水资源至其用水部门，从而达到最大化经济效益的目的。在建模过程中，采用了模糊随机变量来描述决策环境的双重不确定性，为了便于求解，首先将模糊随机不确定性变量转化成为梯形模糊数；然后采用模糊期望值方法将梯形模糊数转化为确定值的等价值，并针对问题的求解，设计了改进的人工蜂群算法（IABC）对转化成的模型进行求解；最后以四川省渠江盆地的区域水资源配置问题为例，讨论了模型与算法的实际应用，并论证模型及算法的有效性。

第 5 章通过引入水市场调控，对区域水资源配置问题提出了一个多目标一主多从对策模型。在这一部分的研究中，区域水资源管理局、子区域水资源管理者，以及各个用水部门作为水权分配的各级参与者，将水权分配问题考虑为两层问题，主导层为宏观规划层，主要发生在水资源管理局与各子区域水管理者之间，水资源管理者作为主导层的决策者，主要考虑如何分配水权至各个子区域以及生态环境用水，从而获得最大的社会效益以及最小化水污染排放两个目标，各子区域管理者在获得水权之后可以进行后续的决策；从属层为基于市场层，主要发生在各个子区域的水资源管理者与各个用水部门之间，各个子区域管理者作为从属层的决策者，主要在考虑到水市场收益的基础上，如何将之前获得的水权合理地分配给各个用水部门，以达到最大的经济效益。在建模的过程中，这一部分将水流即总分配水流考虑为一个离散的梯形模糊随机变量，将水需求考虑为一个连续的随机模糊变量，其中随机参数服从正态分布。为了处理模型中的不确定性，采用不同的方法对离散模糊随机用水量以及连续的随机模糊水需求进行期望处理，最终获得可计算的参数。针对模型的特征，提出了求解多目标—主多从问题的多目标交互式模糊规划与全局—局部—临近点自适应粒子群优化算法（GLN-aPSO 算法）相结合的求解方法。最后，将模型和算法应用到江西省濮抚平原水资源分配案例中，说明了模型和算法的有效性。

第 6 章为结语，对全书进行了总结和展望。

第 2 章　理论基础

本章以区域水资源配置决策优化问题为研究对象，首先对书中出现的主从对策理论及求解算法这两大基础知识进行回顾。

2.1　主从对策

现实中，许多决策问题不仅涉及多个具有不同目标的决策者，而且各类决策者的层级也不同。解决具有相互制约的主从关系的决策问题即为主从对策问题（即二层规划问题），这类问题一般还表现为多个决策者各自控制自己的决策变量，以优化各自不同的决策目标。处于上级的决策者称为主导者，其拥有更多或者更大的权力，处于下级的决策者称为从属者，主导者可以对从属者的目标进行调控。这种具有主从结构的决策问题在经济管理领域具有广泛的应用前景和运用价值，然而对其深入的研究是在近半个世纪里，尤其是最近二三十年才迅速展开，并引起经济、管理、控制、物流等各行业的研究人员的关注。

2.1.1　基本概念

主从对策问题最初是由 Bracken 和 McGill 在 1973 年提出，并给予严格定义的[56]，然而当时并未引起广泛注意。直到受 Stackelberg 博弈理论的影响，大批研究者才开始关注主从对策问题[188]。主从对策模型中同时包含主导层模型和从属层模型，它们分别有各自的目标函数和约束条件。然而，两个模型又相互联系。一方面，从属层模型实际上是主导层模型的一个约束，从属层模型的决策必须取决于主导层模型的决策；另一方面，从属层模型的求解对主导层模型的最优解以及约束条件的满足也有着密切的影响。下面对主从对策模型的一般形式以及解的概念进行简单介绍。

1) 一般模型

主从对策模型与一般常规的单层规划模型不同，其约束条件中包含一个或多个规划模型[46]；同时，主从对策规划与多目标规划也存在本质上的不同，尽管它们都同时包含两个或更多的目标函数。在主从对策规划中，目标函数分别属于两层决策者，它们之间有明显的主从关系；而在多目标规划中，多个目标函数属于同一决策者，它们之间没有层次关系。主从对策问题可以用以下一般模型来描述：

$$\begin{cases} \max_{x} \text{ or } \min_{x} F(\boldsymbol{x}, \boldsymbol{y}) \\ \text{s. t. } G(\boldsymbol{x}, \boldsymbol{y}) \leqslant / \geqslant 0 \\ \boldsymbol{y} \text{ 是下面规划的解} \\ \max_{y} \text{ or } \min_{y} f(\boldsymbol{x}, \boldsymbol{y}) \\ \text{s. t. } g(\boldsymbol{x}, \boldsymbol{y}) \leqslant / \geqslant 0 \end{cases} \qquad (2.1)$$

式中，$x \in R^{n}$，$y \in R^{m}$ 分别为主导层和从属层的决策变量；F，f：$R^{n} \times R^{m} \rightarrow R$ 分别称为主导者和从属者的目标函数；G：$R^{n} \times R^{m} \rightarrow R^{p}$ 和 g：$R^{n} \times R^{m} \rightarrow R^{q}$ 分别称为主导层和从属层的约束条件。在主从对策问题中，主导者首先给出一个决策 x，从属者根据主导者的决策做出其最优反应 y，主导者根据从属者的反馈调整其决策，如此循环往复，最终得到令主导者最满意的解，即最优解。

2) 模型分类

根据主导层目标函数中含有从属层的目标函数或者决策变量、从属层决策者的个数以及从属层决策者之间是否有关联、主导层约束中是否含有从属层变量、目标函数和约束条件的性质，以及主导者与从属层决策者目标函数的个数，可以将主从对策模型进行分类。如果主导层的目标函数中含有从属层的决策变量，此种类型可称为决策控制型；如果主导层的目标函数中含从属层的目标函数，此种类型可称为目标控制型。因为从属层的目标函数中含有决策变量，所以决策控制型包含目标控制型，而目标控制型是决策控制型的特殊情况。如果从属层只有一个决策者，此种类型为一主一从对策模型；如果从属层含有多个决策者，此种类型为一主多从对策模型。一主一从对策模型是一主多从对策模型的特殊情况。主导层—从属层决策者只有单个目标是主导层—从属层决策者具有多个目标的特例。相似地，从属层无关联是从属层有关联的特殊情况，线性模型是非线性模型的特殊情况，主导层约束中不含从属层变量是主导层约束中含有从属层变量的特殊情况。

根据从属层决策者的个数以及主导层与从属层决策者目标的个数可以将主从决策规划分为以下四种情况：

（1）一主一从单目标规划（见图 2.1）。

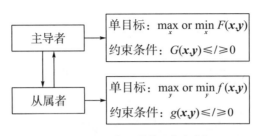

图 2.1 一主一从单目标规划

一主一从单目标规划是指主导层和从属层只有单个的决策者，并且主导者和从属者都只有单个的最大化或者最小化目标。图 2.1 中，$x \in R^n$，$y \in R^m$ 分别为主导者和从属者的决策变量；F，$f : R^n \times R^m \to R$ 分别称为主导者和从属者的目标函数；$G : R^n \times R^m \to R^p$ 和 $g : R^n \times R^m \to R^q$ 分别称为主导层和从属层的约束条件。

（2）一主一从多目标规划（见图 2.2）。

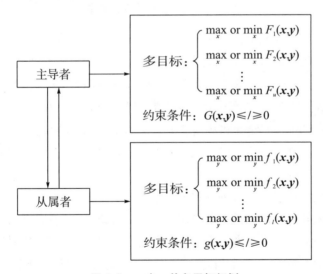

图 2.2 一主一从多目标规划

一主一从多目标规划是指主导层和从属层只有单个的决策者，主导者或者从属者具有多个最大化或者最小化目标，且有可能两层决策者都存在多个目标。图 2.2 中，$x \in R^n$，$y \in R^m$ 分别为主导者和从属者的决策变量；F_1，

F_2，…，F_u，f_1，f_2，…，f_l：$R^n \times R^m \to R$ 分别称为主导者和从属者的目标函数，其中 u 和 l 分别表示主导者和从属者的目标个数；G：$R^n \times R^m \to R^p$ 和 g：$R^n \times R^m \to R^q$ 分别称为主导层和从属层的约束条件。

（3）一主多从单目标规划（见图 2.3）。

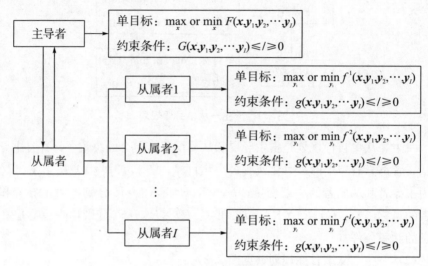

图 2.3　一主多从单目标规划

一主多从单目标规划是指主导层具有单一的决策者和从属层具有两个或者两个以上的决策者，并且主导者和从属者都只有单个的最大化或者最小化目标。图 2.3 中，$x \in R^n$ 为主导者的决策变量，$y_1 \in R^{m_1}$，$y_2 \in R^{m_2}$，…，$y_I \in R^{m_I}$ 分别表示从属者 1，2，…，I 的决策变量；F，f_i：$R^n \times R^{m_1} \times R^{m_2} \times \cdots \times R^{m_I} \to R$ 分别称为主导者和从属者 $i(i = 1, 2, \cdots, I)$ 的目标函数；G：$R^n \times R^{m_1} \times R^{m_2} \times \cdots \times R^{m_I} \to R^p$ 和 g：$R^n \times R^{m_1} \times R^{m_2} \times \cdots \times R^{m_I} \to R^q$ 分别称为主导层和从属层的约束条件。

（4）一主多从多目标规划（见图 2.4）。

一主多从多目标规划是指主导层具有单一的决策者和从属层具有两个或者两个以上的决策者，主导者或者从属者具有多个最大化或者最小化目标，且有可能两层决策者都存在多个目标。图 2.4 中，$x \in R^n$ 为主导者的决策变量，$y_1 \in R^{m_1}$，$y_2 \in R^{m_2}$，…，$y_I \in R^{m_I}$ 分别表示从属者 1，2，…，I 的决策变量；F_1，F_2，…，F_u：$R^n \times R^{m_1} \times R^{m_2} \times \cdots \times R^{m_I} \to R$ 称为主导者的目标函数，其中 u 表示主导者的目标个数；f_1^i，f_2^i，…，$f_{n_i}^i$：$R^n \times R^{m_1} \times R^{m_2} \times \cdots \times R^{m_I} \to R$ 称为从属者 $i(i = 1, 2, \cdots, I)$ 的目标函数，其中 n_i 表示从属者 $i(i =$

$1,2,\cdots,I$）的目标个数；$G: R^n \times R^{m_1} \times R^{m_2} \times \cdots \times R^{m_I} \to R^p$ 和 $g: R^n \times R^{m_1} \times R^{m_2} \times \cdots \times R^{m_I} \to R^q$ 分别称为主导层和从属层的约束条件。

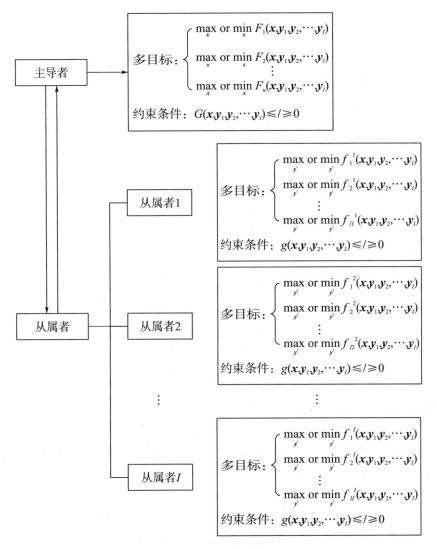

图 2.4　一主多从多目标规划

3）模型的解

下面将分别对一主一从型和一主多从型的主从对策模型的解的定义进行介绍。

（1）一主一从型。

假设主导层模型可行域为 $S_L = \{x \mid G(x,y) \leqslant 0, H(x,y) = 0, Y(x) \neq$

$\varphi\}$，从属层决策空间为 $S(x) = \{y \in R^m \mid g(x,y) \leqslant 0, h(x,y) = 0\}$，从属层最优解集为 $Y(x) = \{y \in R^m \mid y = \arg \min f(x,y), y \in S(x)\}$，可行集为 $Q = S_L \times Y(x)$。

若从属层的最优集是单点集，那么如果 (x^*, y^*) 满足以下条件，称 (x^*, y^*) 为最优解：

① $(x^*, y^*) \in Q$；

② $\forall (x,y) \in Q$，有 $F(x^*, y^*) \leqslant F(x,y)$。

若主导层目标函数与从属层最优解 $y \in Y(x)$ 选择无关，那么如果 (x^*, y^*) 满足以下条件，称 (x^*, y^*) 为最优解：

① $v(x^*, y^*) \in Q$；

② $\forall y \in Y(x^*)$，有 $F(x^*, y^*) = F(x^*, y)$；

③ $\forall (x,y) \in Q$，有 $F(x^*, y^*) \leqslant F(x,y)$。

(2) 一主多从型（从者无关联）。

主导层可行区域：$S_L = \{x \mid G(x,y) \leqslant 0, H(x,y) = 0, Y(x) \neq \varphi\}$，$i = 1, 2, \cdots, n$。从属层决策空间：$S_i(x) = \{y_i \in R^{m_i} \mid g_i(x,y) \leqslant 0, h_i(x,y) = 0\}$，$i = 1, 2, \cdots, n$。从属层最优解集：$Y_i(x) = \{y_i \in R^{m_i} \mid y_i = \arg \min f(x, y_i), y_i \in S_i(x)\}$，$i = 1, 2, \cdots, n$。可行集：$Q = S_L \times Y_1(x) \times \cdots \times Y_n(x)$。

从属层最优解不唯一时，设从属层用函数 $\psi_i(Y_i(x))$ 选择其中一个作为解。

如果 $(x^*, y_1^*, \cdots, y_n^*)$ 满足以下条件，称 $(x^*, y_1^*, \cdots, y_n^*)$ 为模型的最优解：

① $(x^*, y_1^*, \cdots, y_n^*) \in Q, y_i^* = \psi_i(Y_i(x^*))$；

② $\forall (x, \psi_1(Y_1(x)), \cdots, \psi_n(Y_n(x))) \in Q$，有 $F(x^*, y_1^*, \cdots, y_n^*) \leqslant F(x, \psi_1(Y_1(x)), \cdots, \psi_n(Y_n(x)))$。

(3) 一主多从型（从者有关联）。

对于主导层的每一个决策 x，如果 $(y_1^*, y_2^*, \cdots, y_n^*)$ 使得 $f_i(y_1^*, \cdots, y_{i-1}^*, y_i^*, y_{i+1}^*, \cdots, y_n^*) \leqslant f_i(y_1, \cdots, y_{i-1}, y_i, y_{i+1}, \cdots, y_n)$ 对于任意的 $(y_1, \cdots, y_{i-1}, y_i, y_{i+1}, \cdots, y_n)$ 及 $i = 1, 2, \cdots, n$ 成立，则称 $(y_1^*, y_2^*, \cdots, y_n^*)$ 为从属层的 Nash 均衡解。

x^* 为一个可行决策向量，$(y_1^*, y_2^*, \cdots, y_n^*)$ 为相应的一个 Nash 均衡解，若对于任意的 $x \in S_L$ 及相应的 Nash 均衡解 $(y_1, y_2, \cdots, y_n)$ 有以下不等式成立：$F(x^*, y_1^*, y_2^*, \cdots, y_n^*) \leqslant f_i(x, y_1, y_2, \cdots, y_n)$，则称 $(x^*, y_1^*, y_2^*, \cdots, y_n^*)$ 为主从对策的 Stackelberg−Nash 均衡解。

2.1.2　求解方法

由于讨论的区域水资源配置问题均是一主多从对策问题，一主多从对策问题是对一主一从对策问题的延伸和扩展，将一主一从问题中的单个从属层决策者转变为多个决策者，这样就转变成了一个一主一从问题。其中，根据从属层决策的关联性，一主多从对策又可分为从属层决策无关联一主多从对策和从属层决策有关联一主多从对策两种类型。下面对这两类情况的基本解法进行阐述。

1）从属层无关联

如果模型的从属层决策之间没有关联，那么其求解方法主要包括直接搜索法、罚函数法、K-T 条件法等。

（1）直接搜索法。

在一主多从对策模型中，如果多个从者之间无关联，那么该模型可以表示为如下形式的主从对策模型：

$$\begin{cases} \max\limits_{\boldsymbol{x}} F(\boldsymbol{x}, \boldsymbol{y}) \\ \text{s. t.} \begin{cases} G(\boldsymbol{x}, \boldsymbol{y}) \leqslant 0 \\ H(\boldsymbol{x}, \boldsymbol{y}) \geqslant 0 \\ \max\limits_{\boldsymbol{y}_i} f_i(\boldsymbol{x}, \boldsymbol{y}_i) \\ \text{s. t.} \begin{cases} g_i(\boldsymbol{x}, \boldsymbol{y}_i) \leqslant 0 \\ h_i(\boldsymbol{y}_i) \geqslant 0 \\ \boldsymbol{x} \geqslant 0, \boldsymbol{y}_i \geqslant 0, i = 1, 2, \cdots, p \end{cases} \end{cases} \end{cases} \tag{2.2}$$

式中，$F(\boldsymbol{x}, \boldsymbol{y})$ 是主导层的目标函数；$f_i(\boldsymbol{x}, \boldsymbol{y}_i)$ 是第 i 个从属者的目标函数。

求解该模型可以用直接搜索法进行，搜索的一般过程如下[8-9,19]：

Step 1. 确定一初始基点 $\boldsymbol{x} = (x_1, x_2, \cdots, x_n)$ 和步长 $\boldsymbol{\delta} = (\delta_1, \delta_2, \cdots, \delta_n)$ 及精度 ε。

Step 2. 令 $\boldsymbol{x}^0 = \boldsymbol{x}$。

Step 3. 令 $\boldsymbol{x}^1 = \boldsymbol{x}^0$，从 $\boldsymbol{x}^1$ 出发以 $\boldsymbol{\delta}$ 为步长利用 Step 3.1～Step 3.7 来确定搜索方向。

Step 3.1.　令计数器 $i = 1$，主导层决策者指出原始搜索位置 $\boldsymbol{x}^0 = \boldsymbol{x} = (x_1, x_2, \cdots, x_n)$ 和搜索步长 $\boldsymbol{\delta} = (\delta_1, \delta_2, \cdots, \delta_n)$；

Step 3.2.　通过给定的初始位置 $\boldsymbol{x}^0 = \boldsymbol{x} = (x_1, x_2, \cdots, x_n)$ 计算出对应的 $\boldsymbol{y}_j (j = 1, 2, \cdots, p)$ 的值，根据 $(\boldsymbol{x}, \boldsymbol{y})$ 的值计算 $F(\boldsymbol{x}, \boldsymbol{y})$ 的值；

Step 3.3. 选出一个尝试点 $\boldsymbol{x}^i = (x_1, \cdots, x_{i-1}, x_i + \delta_i, x_{i+1}, \cdots, x_n)$，计算该尝试点及相应的 $\boldsymbol{y}^i_j$ 的值，$j = 1, 2, \cdots, p$；

Step 3.4. 如果从属层 p 个问题的解 $\boldsymbol{y}^i_j$ 均存在，且 $\boldsymbol{x} \in X, F(\boldsymbol{x}^i, \boldsymbol{y}^i) < F(\boldsymbol{x}, \boldsymbol{y})$，令 $\boldsymbol{x} = \boldsymbol{x}^i$，$F(\boldsymbol{x}, \boldsymbol{y}) = F(\boldsymbol{x}^i, \boldsymbol{y}^i)$，转 Step 3.6，否则转 Step 3.5；

Step 3.5. 令 $\boldsymbol{x}^i = (x_1, \cdots, x_{i-1}, x_i + \delta_i, x_{i+1}, \cdots, x_n)$ 及相应的 $\boldsymbol{y}^i_j$ 的值，$j = 1, 2, \cdots, p$，如果从属层 p 个问题的解 $\boldsymbol{y}^i_j$ 均存在，且 $\boldsymbol{x} \in X, F(\boldsymbol{x}^i, \boldsymbol{y}^i) < F(\boldsymbol{x}, \boldsymbol{y})$，令 $\boldsymbol{x} = \boldsymbol{x}^i$，$F(\boldsymbol{x}, \boldsymbol{y}) = F(\boldsymbol{x}^i, \boldsymbol{y}^i)$ 转 Step 3.6，否则保留原 $\boldsymbol{x}$ 与 $F(\boldsymbol{x}, \boldsymbol{y})$ 的值转 Step 3.6；

Step 3.6. 判断不等式 $\boldsymbol{x}^n \neq \boldsymbol{x}^0$ 是否成立，若成立，则输出 $\boldsymbol{x}^n$ 与 $\boldsymbol{x}^0$ 所指的方向为下一步搜索方向并结束程序，否则返回 Step 3；

Step 3.7. 判断 i 是否等于 n，如是，则结束程序，否则令 $i = i + 1$，并返回 Step 3。

Step 4. 判断 Step 3 是否成功，如成功，转 Step 6，否则转 Step 5。

Step 5. 判断是否满足 $\delta_i \leqslant \varepsilon (i = 1, 2, \cdots, n)$，如果满足，计算过程终止，否则令 $\delta \leqslant \delta/10$，转到 Step 3 继续进行计算。

Step 6. 采用式（2.3）确定搜索过程的步长：

$$\bar{\boldsymbol{x}} = \boldsymbol{x}^n + (\boldsymbol{x}^n - \boldsymbol{x}^0) \tag{2.3}$$

Step 7. 判断确定的搜索步长是否成功，如果成功，令 $\boldsymbol{x}^n = \bar{\boldsymbol{x}}$，转到 Step 3 继续进行计算，否则令 $\boldsymbol{x}^n = \boldsymbol{x}^0$，转到 Step 3 继续进行计算。

（2）罚函数法。

罚函数法是一类将从属层模型转化成为约束条件的方法，从而将一个主从对策模型转化成为一个单层模型，其通过罚函数将模型（2.4）进行转换，将从属层的 Maximum 问题变成一个由 f_n、g_n 和 h_n 组成的以扩充函数，从而使从属层模型转变成为一个无约束问题[40,230]。对如下非线性主从对策模型：

$$\begin{cases} \max\limits_{\boldsymbol{x}} F(\boldsymbol{x}, \boldsymbol{y}) \\ \text{s. t.} \begin{cases} G(\boldsymbol{x}, \boldsymbol{y}) \leqslant 0 \\ H(\boldsymbol{x}, \boldsymbol{y}) = 0 \\ \max\limits_{\boldsymbol{y}_n} f_n(\boldsymbol{x}, \boldsymbol{y}_n) \\ \text{s. t.} \begin{cases} g_n(\boldsymbol{x}, \boldsymbol{y}_n) \leqslant 0 \\ h_n(\boldsymbol{y}_n) = 0 \\ \boldsymbol{x} \geqslant 0, \boldsymbol{y}_n \geqslant 0 \end{cases} \end{cases} \end{cases} \tag{2.4}$$

设 $S_n(\boldsymbol{x}) = \{\boldsymbol{y}_n \mid g_n(\boldsymbol{x}, \boldsymbol{y}_n) < 0, h_n(\boldsymbol{y}_n) < 0\} \neq \varphi$，那么在 $S_n(\boldsymbol{x})$ 上定

义增广目标函数为

$$P_n^r(\boldsymbol{x},\boldsymbol{y}_n) = f_n(\boldsymbol{x},\boldsymbol{y}_n) + r \cdot \varphi(g_n(\boldsymbol{x},\boldsymbol{y}_n),h_n(\boldsymbol{y}_n)),r > 0$$

式中，r 表示惩罚系数；$\varphi(g_n,h_n)$ 表示非负区域上连续的障碍函数，并且其满足条件：

$$\varphi(g_n(\boldsymbol{x},\boldsymbol{y}_n),h_n(\boldsymbol{y}_n)) > 0, \boldsymbol{y}_n \in S_n(\boldsymbol{x})$$

$$\varphi(g_n(\boldsymbol{x},\boldsymbol{y}_n),h_n(\boldsymbol{y}_n)) \to \infty, \boldsymbol{y}_n \to \partial S_n(\boldsymbol{x})$$

在 P_n^r 关于 $\boldsymbol{x}$，$\boldsymbol{y}_n$ 的凸性条件下，如果一个无约束优化问题具有最优解，其充分必要条件是满足如下的关于 $\boldsymbol{y}_n$ 的驻点条件：

$$\nabla_{\boldsymbol{y}_n} P_n^r(\boldsymbol{x},\boldsymbol{y}_n) = \nabla_{\boldsymbol{y}_n} f_n(\boldsymbol{x},\boldsymbol{y}_n) + r \cdot \nabla_{\boldsymbol{y}_n} \varphi(g_n(\boldsymbol{x},\boldsymbol{y}_n),h_n(\boldsymbol{y}_n)) \quad (2.5)$$

由此模型（2.4）可以转变为如下的单层模型（2.6），进行直接求解：

$$\begin{cases} \max\limits_{\boldsymbol{x},\boldsymbol{y}} F(\boldsymbol{x},\boldsymbol{y}) \\ \text{s.t.} \begin{cases} G(\boldsymbol{x},\boldsymbol{y}) \leqslant 0 \\ H(\boldsymbol{x}) = 0 \\ \nabla_{\boldsymbol{y}_n} P_n^r(\boldsymbol{x},\boldsymbol{y}_n) = 0 \\ \boldsymbol{x} \geqslant 0, \boldsymbol{y} \geqslant 0 \end{cases} \end{cases} \quad (2.6)$$

（3）K-T 条件法。

文献 [25] 针对模型中主导层决策者有多个目标、从属层有多个决策者但各自只有一个目标的情形提出了一种基于 K-T 条件的求解方法。该方法首先将主导层模型的目标函数转换为满意度函数：

$$\mu_{0k}(f_{0k}(\boldsymbol{x},\boldsymbol{y})) = 1 - (b_{0k} - f_{0k})/(b_{0k} - \alpha_{0k}) \quad (2.7)$$

式中，$\alpha_{0k} = \min(f_{0k}(\boldsymbol{x},\boldsymbol{y}))$，$b_{0k} = \max(f_{0k}(\boldsymbol{x},\boldsymbol{y}))$。

对于给定满意度 S，$\mu_{0k}(f_{0k}(\boldsymbol{x},\boldsymbol{y})) = 1 - (b_{0k} - f_{0k})/(b_{0k} - \alpha_{0k}) > S$，即

$$f_{0k}(\boldsymbol{x},\boldsymbol{y}) \geqslant (b_{0k} - \alpha_{0k})S + \alpha_{0k} \quad (2.8)$$

然后通过 ε - 约束法将主导层的多目标模型转化成一个单目标模型，此单目标模型中含有满意度约束，该模型可表示如下：

$$\begin{cases} \max\limits_{\boldsymbol{x}} f_{01}(\boldsymbol{x},\boldsymbol{y}) \\ \text{s.t.} \begin{cases} f_{0k}(\boldsymbol{x},\boldsymbol{y}) \geqslant (b_{0k} - \alpha_{0k})S + \alpha_{0k}, k = 2,3,\cdots,N \\ \max\limits_{\boldsymbol{y}_i} f_i(\boldsymbol{x},\boldsymbol{y}_i) \\ \text{s.t.} \begin{cases} g_i(\boldsymbol{x},\boldsymbol{y}_i) \leqslant 0, i = 1,2,\cdots,p \\ h_i(\boldsymbol{y}_i) \geqslant 0 \\ \boldsymbol{x} \geqslant 0, \boldsymbol{y} \geqslant 0 \end{cases} \end{cases} \end{cases} \quad (2.9)$$

然后借助 K-T 条件替代从属层规划模型为等价最优化条件，从而将模型转换为单层单目标规划模型如下：

$$
\begin{cases}
\max\limits_{x} f_{01}(\boldsymbol{x},\boldsymbol{y}) \\
\text{s. t.}
\begin{cases}
f_{0k}(\boldsymbol{x},\boldsymbol{y}) \geqslant (b_{0k}-\alpha_{0k})S+\alpha_{0k}, k=2,3,\cdots,N \\
\nabla_{y_i} f_i(\boldsymbol{x},\boldsymbol{y}) - \sum\limits_{j=1}^{M} r_j \, \nabla_{y_i} g_j'(\boldsymbol{x},\boldsymbol{y}_i) = 0 \\
r_j \cdot g_i(\boldsymbol{x},\boldsymbol{y}_i) = 0 \\
\boldsymbol{x} \geqslant 0, r_j \geqslant 0, j=1,2,\cdots,M
\end{cases}
\end{cases}
\tag{2.10}
$$

2) 从属层有关联

对于从属层有关联的主从对策模型的求解主要使用基于满意度的交互式约束变尺度算法[8-9,19]，对如下的主从对策模型：

$$
\begin{cases}
\max\limits_{x} F(\boldsymbol{x},\boldsymbol{y}) \\
\text{s. t.}
\begin{cases}
(\boldsymbol{x},\boldsymbol{y}_1,\cdots,\boldsymbol{y}_p) \in \Omega_0 \\
\max\limits_{y_i} f_i(\boldsymbol{x},\boldsymbol{y}_1,\boldsymbol{y}_2,\cdots,\boldsymbol{y}_n) = (f_{i1},f_{i2},\cdots,f_{iN_i}) \\
(\boldsymbol{x},\boldsymbol{y}_1,\boldsymbol{y}_2,\cdots,\boldsymbol{y}_n) \in \Omega_i, i=1,2,\cdots,p
\end{cases}
\end{cases}
\tag{2.11}
$$

首先采用线性隶属度函数确定主导层与从属层决策者目标满意度的表达式：

$$
\mu_{0k}(f_{0k}(\boldsymbol{x},\boldsymbol{y})) = 1 - (b_{0k}-f_{0k})/(b_{0k}-\alpha_{0k}), k=1,2,\cdots,N_0 \tag{2.12}
$$

$$
\mu_{0i}(f_{0i}(\boldsymbol{x},\boldsymbol{y})) = 1 - (b_{0i}-f_{0i})/(b_{0i}-\alpha_{0i}), i=1,2,\cdots,N_i \tag{2.13}
$$

然后通过约束法将主导层的多目标模型转化成一个单目标模型，此单目标模型中含有满意度约束条件，由此主导层含有多目标的主从对策问题转换为主导层含有单目标的主从对策问题：

$$
\begin{cases}
\max\limits_{x} f_{01}(\boldsymbol{x},\boldsymbol{y}) \\
\text{s. t.}
\begin{cases}
(\boldsymbol{x},\boldsymbol{y}_1,\cdots,\boldsymbol{y}_p) \in \Omega_0 \\
f_{01}(\boldsymbol{x},\boldsymbol{y}) \geqslant (b_{0k}-\alpha_{0k})S+\alpha_{0k}, k=2,3,\cdots,N_0 \\
\max\limits_{y_i} f_{i1}(\boldsymbol{x},\boldsymbol{y}_1,\boldsymbol{y}_2,\cdots,\boldsymbol{y}_{N_i}) \\
\text{s. t.}
\begin{cases}
(\boldsymbol{x},\boldsymbol{y}_1,\boldsymbol{y}_2,\cdots,\boldsymbol{y}_n) \in \Omega_i, i=1,2,\cdots,p \\
f_{0i}(\boldsymbol{x},\boldsymbol{y}) \geqslant (b_{0i}-\alpha_{0i})S'+\alpha_{0i}, i=2,3,\cdots,N_i
\end{cases}
\end{cases}
\end{cases}
\tag{2.14}
$$

通过前面提出的 K-T 条件法，可以将从属层问题采用 K-T 条件进行替代，从而形成了如下单层目标规划问题：

$$\begin{cases} \max\limits_{x} f_{01}(\boldsymbol{x},\boldsymbol{y}) \\[2mm] \text{s. t.} \begin{cases} (\boldsymbol{x},\boldsymbol{y}_1,\cdots,\boldsymbol{y}_p) \in \Omega_0 \\[1mm] f_{01}(\boldsymbol{x},\boldsymbol{y}) \geqslant (b_{0k}-\alpha_{0k})S+\alpha_{0k}, k=2,3,\cdots,N_0 \\[1mm] \nabla_{\boldsymbol{y}_i} f_{i1}(\boldsymbol{x},\boldsymbol{y})-\sum\limits_{j=1}^{M} r_j\,\nabla_{\boldsymbol{y}_i} g_j'(\boldsymbol{x},\boldsymbol{y}_i)=0, i=1,2,\cdots,p \\[1mm] r_j \cdot g_j'(\boldsymbol{x},\boldsymbol{y}_i)=0, r_j \geqslant 0, j=1,2,\cdots,M \\[1mm] (\boldsymbol{x},\boldsymbol{y}_1,\boldsymbol{y}_2,\cdots,\boldsymbol{y}_i) \in \Omega_i', i=1,2,\cdots,p \end{cases} \end{cases} \tag{2.15}$$

在求解的过程当中，可以根据决策者的偏好给出不同的满意度水平 S 和 S'，最后得到一组令决策者都可接受的满意解。另外，文献 [26] 研究了一种主导层模型有多个目标、从属层有多个相互关联的决策者，但是这些决策者之间有决策优先次序的 Stackelberg 均衡模型的求解方法。该模型可表示如下：

$$\begin{cases} \max\limits_{x} F_{01}(\boldsymbol{x},\boldsymbol{y}) \\[2mm] \text{s. t.} \begin{cases} (\boldsymbol{x},\boldsymbol{y}_1,\cdots,\boldsymbol{y}_p) \in \Omega_0 \\[1mm] \boldsymbol{y}_1 \text{ 是如下问题的解} \\[1mm] \begin{cases} \max\limits_{\boldsymbol{y}_i} f_1(\boldsymbol{x},\boldsymbol{y}_1) \\[1mm] \text{s. t. } (\boldsymbol{x},\boldsymbol{y}_1) \in \Omega_0 \end{cases} \\[1mm] \vdots \\[1mm] \boldsymbol{y}_i \text{ 是如下问题的解} \\[1mm] \begin{cases} \max\limits_{\boldsymbol{y}_i} f_i(\boldsymbol{x},\boldsymbol{y}_1,\boldsymbol{y}_2,\cdots,\boldsymbol{y}_i) \\[1mm] \text{s. t. } (\boldsymbol{x},\boldsymbol{y}_1,\boldsymbol{y}_2,\cdots,\boldsymbol{y}_i) \in \Omega_i \end{cases} \\[1mm] \vdots \\[1mm] \boldsymbol{y}_p \text{ 是如下问题的解} \\[1mm] \begin{cases} \max\limits_{\boldsymbol{y}_p} f_p(\boldsymbol{x},\boldsymbol{y}_1,\boldsymbol{y}_2,\cdots,\boldsymbol{y}_p) \\[1mm] \text{s. t. } (\boldsymbol{x},\boldsymbol{y}_1,\boldsymbol{y}_2,\cdots,\boldsymbol{y}_p) \in \Omega_p \end{cases} \end{cases} \end{cases} \tag{2.16}$$

该方法首先将主导层的多个目标分别用满意度函数表述，从而将主导层的多目标转化为一个主导层单目标的主从对策问题，此问题中含有满意度 ε 的约束，通过借助前面提出的 K–T 条件将含有多个从属层决策者的从属层模型依次转化为最优化条件，从而形成可直接求解的单层规划问题。其具体转化过程与前面介绍的 K–T 条件法基本上一致。

2.2 智能算法

要得到一个主从对策问题的解析最优解是非常困难的，因为主从对策问题即使是线性形式的主从对策问题都是 NP−hard 问题[109]，因此其往往很难通过精确的方法进行求解。在这种情况下，很多学者对求解主从对策问题的智能算法进行了广泛的研究，其中进行较多研究的是遗传算法[134,164,177]和粒子群优化算法[98,162,242]。近年来，人工蜂群算法作为一种群体智能算法因其在求解问题的优越性，开始引起人们的关注。这三种算法将作为解决区域水资源配置主从对策问题的基本算法，下面对它们的基本思想和原理进行简单介绍。

2.2.1 遗传算法

遗传算法（Genetic Algorithm，GA）最先由美国的 Holland 教授于 1975 年提出[114]，遗传算法借鉴生物进化的规律，遵循适者生存、优胜劣汰的遗传规律。遗传算法是一种随机化的搜索方法，其主要特点是不要求对求解函数进行求导和函数连续性，而是直接对结构对象进行搜索；其具有并行搜索能力，因此具有在更大范围内搜索解的能力，全局搜索最优解的能力强；在搜索的过程中，可以随机地求出搜索的概率，因此能够自适应地调整搜索的方向。正是由于遗传算法具有这些优点，其已被广泛用于生产决策领域、工程建设和管理[71,138,158,191]，它是现代智能计算的关键技术。

一般的遗传算法包括 5 个基本组成部分：确定染色体表达问题的解、生成初始种群、选择评价函数、设计遗传算子、计算遗传参数。

在遗传算法求解优化问题时，首先需要确定问题的参数集（种群规模、交叉和变异概率、结束条件、实际问题参数集），并针对问题特征，设计编码方法。然后在此基础上，产生初始种群，并利用给定的适应值函数计算每个染色体的适应值。基于此适应值比较，选择每代进化中的最优染色体。然后对种群进行遗传操作（即选择操作、交叉操作和变异操作），从而产生新的染色体。然后对新的染色体进行评价，反复重复上述操作，直到找到最优染色体，对染色体进行解码，输出最优解。因此，遗传算法的流程可表示为图 2.5。

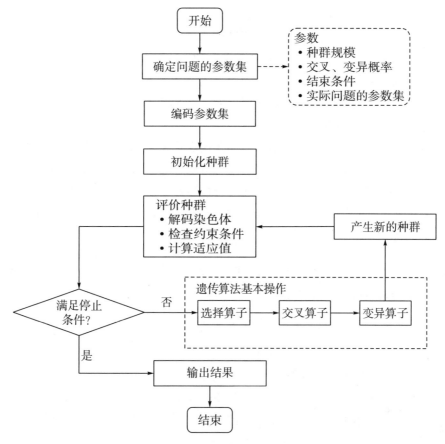

图 2.5　标准遗传算法流程

除了求解普通优化问题，遗传算法在主从对策问题中也有大量应用[111,154,177]。遗传算法在主从对策问题中的应用主要包括两个部分：第一个部分为从属层处理部分，即对于主导层决策者给定的 x，找到从属层决策者的最优解 y；第二个部分为主导层处理部分，在对第一部分进行处理之后，将其嵌入，来寻找主导层决策者的有效解。

这里对从属层处理部分进行介绍。

Step 1. 输入一个主导层决策者的一个可行解 x。

Step 2. 在从属层决策者的可行域内随机生产 pop_size 个染色体 $\boldsymbol{y}^{(1)}$，$\boldsymbol{y}^{(2)}, \cdots, \boldsymbol{y}^{(pop\_size)}$，并检验它们的可行性，若不可行，则重新产生。

Step 3. 交叉和变异染色体，同时检测新产生后代的可行性，若不可行，则重新产生。

Step 4. 通过适应值函数，计算每个染色体 $\boldsymbol{y}^{(i)}$ 的适应度。

Step 5. 采用合适的选择方法选择染色体。

Step 6. 将 Step 3 到 Step 5 重复进行 N 次。

Step 7. 返回最好的染色体作为从属层决策者的最优解。

将从属层决策者的最优解记为 $y(x)$。对于主导层决策者的一个决策 x，都可由上面的部分遗传算法，得到从属层的一个最优解 $y(x)$。在此基础上，可以设计主导层模型的混合智能算法。

如果主导层存在多个目标函数，那么还需要考虑多目标处理问题。通常有两种多目标处理方式，即固定权重法和随机权重法。与固定权重法相比，随机权重法能够让遗传算法在可变的方向上进行搜索，从而获得更多有效解[120]。

对于主导层的目标 $F_1(x,y(x),\xi),F_2(x,y(x),\xi),\cdots,F_m(x,y(x),\xi)$，权重和目标为

$$z = \sum_{i=1}^{m} \omega_i F_i(x,y(x),\xi) \tag{2.17}$$

随机权重由以下公式计算：

$$\omega_i = \frac{r_i}{\sum\limits_{j=1}^{m} r_j}, i = 1,2,\cdots,m \tag{2.18}$$

式中，r_j 为任意的非负随机数。

在选择一对父代进行交叉前，新的随机权重由式（2.18）算出，每个个体的适应值由式（2.17）算出，个体 j 被选中的概率 p_i 按如下方式计算：

$$p_i = \frac{z_i - z_{\min}}{\sum\limits_{j=1}^{pop\_size} (z_i - z_{\min})} \tag{2.19}$$

式中，$z_{\min}$ 为当前种群的最差值。

第二部分遗传算法可以由以下步骤实现：

Step 1. 随机初始化，生成 pop_size 个染色体 $x^{(1)}$，$x^{(2)}$，$\cdots$，$x^{(pop\_size)}$，并检验它们的可行性。

Step 2. 对于每一个可行的 $x^{(j)}$，通过嵌入第一部分的遗传算法计算从属层决策者的最优解 $y(x^{(j)})$。

Step 3. 对染色体进行交叉和变异操作，同时检验后代的可行性。

Step 4. 用基于随机权重的方法计算各个染色体的适应度。

Step 5. 采用合适的选择方法选择染色体。

Step 6. 将 Step 3 到 Step 5 重复进行 N 次。

Step 7. 返回最好的染色体 x^*。

Step 8. 计算 $y(x^*)$。

Step 9. 返回 $(x^*, y(x^*))$。

2.2.2　粒子群算法

1995 年，受到飞鸟集群活动的启发，Kennedy 和 Eberhart 提出了一种新的搜索算法，即粒子群最优算法（Particle Swarm Optimization，PSO)[132]。随后相继有许多学者对其理论方法进行了深入的研究[68,141,201,219]。其基本的想法是借助信息共享，在无序向有序的演化过程中寻找个体在群体中的整体运动规律，以获得最佳的解决方案。在此过程中，引入了生物群体模型。现有研究表明，PSO 能够有效解决非线性、不可微以及多峰值等复杂决策问题，并且其具有实现容易、精度高、收敛快等优点，因而已逐渐成为进化算法的一个重要分支[86]。粒子群算法因其优点现已被广泛应用到现实生活中的各个领域[113,153,199,232]。

1）基本思路

在 PSO 算法中，算法的基本组成单元是一个粒子（particle），每个粒子被当作搜索空间中一个无质量无体积的微粒，每个粒子由 n 维向量（问题解表达）组成。在空间内，每个粒子不断飞行，以希望达到理想位置（最优解位置）。在飞行过程中，为了能够朝着更好的位置飞行，每个粒子不断根据自身和种群发现的最优运动轨迹来动态修正自己的飞行速度和前进方向。其中，每个粒子运动轨迹的优越程度通过一个适应值函数（fitness function）来衡量。然后，根据优越程度，在搜索空间中，每个粒子同时向两个位置接近：一个位置是该粒子自身在历代搜索过程中达到的最好位置 $pbest$；另一个位置则是整个种群中所有粒子在历代搜索过程中所达到的最好位置 $gbest$。根据上面求得的 $pbest$ 和 $gbest$，每个粒子利用式（2.20）和式（2.21）来不断更新自身的飞行速度和位置：

$$v_d^l(\tau+1) = \omega(\tau)v_d^l(\tau) + c_p r_1[p_d^{l,best}(\tau) - p_d^l(\tau)] + c_g r_2[g_d^{best}(\tau) - p_d^l(\tau)]$$
(2.20)

$$p_d^l(\tau+1) = p_d^l(\tau) + v_d^l(\tau+1)$$
(2.21)

其中：

（1）$v_d^l(\tau)$ 是第 τ^{th} 代第 l^{th} 个粒子在第 d^{th} 维空间上的速度。

（2）$\omega(\tau) = \omega(T) + \dfrac{\tau - T}{1 - T}[\omega(1) - \omega(T)]$ 是第 τ^{th} 代的惯性权重（inertia weight），用以使粒子保持运动惯性，并使其具有扩展搜索的趋势，从而协调

粒子群的局部寻优和全局寻优的能力。如果惯性权重 $\omega(\tau)$ 较大，则表示 PSO 有较强的全局搜索能力；如果 $\omega(\tau)$ 较小，则表示 PSO 更倾向于局部搜索，一般的经验值做法是初始值为 0.9，随迭代次数的增加线性递减至 0.4。

（3）$p_d^{l,best}$ 是第 τ^{th} 代第 l^{th} 个粒子在第 d^{th} 维空间上的位置。

（4）r_1 和 r_2 是 $[0,1]$ 上两个相互独立的服从 $U[0,1]$ 分布的随机数。

（5）c_p 和 c_g 分别是认知参数和社会参数[132]，代表个体加速常数和全局加速常数。

（6）$p_d^{l,best}$ 是第 l^{th} 个粒子在第 d^{th} 维空间上的个体最优位置（pbest）。

（7）g_d^{best} 是第 d^{th} 维空间上的全局最优位置（gbest）。

2）主要特点

与其他计算方法相比，粒子群最远算法主要有以下 4 个特点[1,13]：

（1）所有粒子都以一个随机速度在搜索空间中飞行，并且可以评价自身所处的位置（计算适应值函数）。

（2）粒子具有记忆的功能。

（3）粒子在改变其速度和位置的时候，需要综合考虑自身到达过的和整个种群已达到的最优位置。

（4）粒子之间的信息不是共享的，只由 pbest 和 gbest 传递信息给其他的粒子。因此，在大多数的情况下，粒子可能更快地收敛于最优解。

3）算法流程

在 PSO 算法中，为了进行群体搜索，先需要产生初始粒子群，然后对粒子群进行评价，进而确定个体最优和全局最优粒子。接着，每个粒子将根据个体最优及全局最优粒子位置调整自己的搜索路径及速度。重复上述步骤直到程序结束，因此 PSO 算法的基本流程如下：

Step 1. 设置迭代代数 $\tau=0$。

Step 2. 初始化粒子。随机产生第 $l^{th}(l=1,2,\cdots,L)$ 个粒子的位置，向量 $\boldsymbol{P}^l(0)\in[\boldsymbol{P}^{min},\boldsymbol{P}^{max}]$，令 $\boldsymbol{V}^l(0)=0,\boldsymbol{P}^{l,best}=\boldsymbol{P}^l(0)$。

Step 3. 评价初始化粒子。对 $l=1,2,\cdots,L$，用适应值函数 $F[\boldsymbol{P}^l(0)]$ 评价初始粒子，得到 $P^{l,best}$ 和 G^{best}。

Step 4. 进入下一步迭代 $\tau=\tau+1$，更新 pbest。如果 $F(\boldsymbol{P}^l(\tau))>F(\boldsymbol{P}^{l,best})$，则令 $\boldsymbol{P}^{l,best}=\boldsymbol{P}^l(\tau),l=1,2,\cdots,L$。

Step 5. 更新 gbest。如果 $F(\boldsymbol{P}^{l,best})>F(\boldsymbol{G}^{best})$，则令 $\boldsymbol{G}^{best}=\boldsymbol{P}^{l,best}$。

Step 6. 应用式（2.20）和式（2.21）更新第 l^{th} 个粒子的速度和位置。

如果 $p_d^l(\tau+1)>P^{max}$，那么 $p_d^l(\tau+1)=P^{max},v_d^l(\tau+1)=0$；

如果 $p_d^l(\tau+1) < P^{\min}$，那么 $p_d^l(\tau+1) = P^{\min}$，$v_d^l(\tau+1) = 0$；

如果 $v_d^l(\tau+1) > V^{\max}$，那么 $v_d^l(\tau+1) = V^{\max}$；

如果 $v_d^l(\tau+1) < V^{\min}$，那么 $v_d^l(\tau+1) = V^{\min}$。

通常情况下，$V^{\max} = k \cdot P^{\max}$，$V^{\min} = k \cdot P^{\min}$，其中 $0.1 \leqslant k \leqslant 1.0$。

Step 7. 评价更新的粒子。对 $l = 1, 2, \cdots, L$，用适应值函数评价粒子，得到新的 $\boldsymbol{P}^{l, best}$ 和 $\boldsymbol{G}^{best}$。

Step 8. 若满足迭代停止条件，输出适应值函数 $\boldsymbol{G}^{best}$，否则 $\tau = \tau+1$，返回 Step 4。

在实际问题中，粒子往往不能直接表达问题的解，这时候还需要将粒子解码为实际问题的解 $\boldsymbol{S}^l$。PSO 流程见图 2.6。

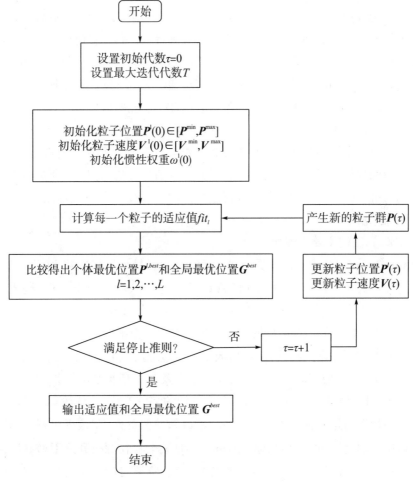

图 2.6　标准粒子群最优算法流程

2.2.3　人工蜂群算法

人工蜂群算法（Artificial Bee Colony，ABC）是一种模仿蜜蜂种群采花行为提出的群体智能算法，它是集群智能算法中的一种，由 Karaboga 教授在 2005 年提出[125]。ABC 算法的主要特点是对问题本身信息依赖度小。在应用 ABC 算法进行求解时，仅需对比问题的好坏程度，然后通过各个蜜蜂的局部探索能力，对问题进行逐步优化，最后使全局最优值在群体信息共享中突现出来。因此，与一般智能算法相比，ABC 算法有着较快的收敛速度以及较少的控制参数。近年来，许多学者对 ABC 算法的理论方法与应用进行了探索研究[33,96,179,207,246]，验证了 ABC 算法的有效性与实用性。

人工蜜蜂种群由三种蜜蜂组成：雇佣蜂群、旁观蜂群以及侦查蜂群。蜂群中一半的蜜蜂组成雇佣蜂群，另一半组成旁观蜂群。每个食物源对应一个雇佣蜜蜂。在算法过程中，首先随机产生食物源初始位置。然后，每个雇佣蜜蜂被派去探索这些食物源，并返回蜂巢将蜂蜜传递给旁观蜜蜂。旁观蜂群根据返回蜂蜜数量确定下一步探索的食物源位置。因此，雇佣蜂群以及旁观蜂群的探索过程实际上即是模型解的更新过程。在此过程中，为了发现更好的解，一旦某个食物源被开采干净（即该食物源位置连续多次迭代过程中没有改变），该食物源对应的雇佣蜜蜂将转换为侦查蜜蜂并搜索新的食物源位置。不断重复上述由雇佣蜂群、旁观蜂群以及侦查蜂群组成的搜索过程，直到算法结束，算法流程如图 2.7 所示。

ABC 算法的主要步骤如下：

Step 1. 初始化食物源参数：种群大小 SN、最大迭代次数 MCN 以及食物源抛弃控制参数 $limit$。令循环代数 $t=1$。对 $l=1,2,\cdots,SN$，随机产生食物源 F_l 的位置，并令第 l 个食物源的位置保持代数 $trial_l=0$。

Step 2. 将食物源位置 F 解码为优化问题决策变量。

Step 3. 计算每个食物源的蜂蜜数量，即适应值。记录最优食物源位置。

Step 4. 分别使用雇佣蜂群、旁观蜂群以及观察蜂群更新食物源位置。

Step4.1.　雇佣蜂群更新：在每个食物源的邻域参数一个新的食物源位置，并用雇佣蜂群对这些食物源进行评估，若该邻域位置比 F_l 表现更好，则用该位置替换 F_l 作为新的食物源位置的解，一旦某个食物源被开采干净（即该食物源位置连续多次迭代过程中没有改变），该食物源对应的雇佣蜜蜂将转换为侦查蜜蜂并搜索新的食物源位置。

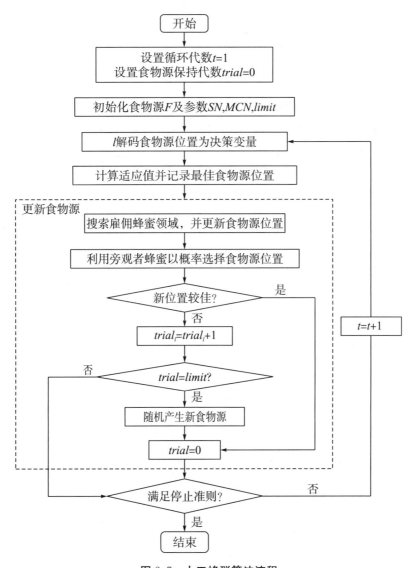

图 2.7　人工蜂群算法流程

Step 4.2. 旁观蜂群更新：对每个食物源 l，用旁观蜜蜂对其进行评估，计算更新概率 p_l，并依据该概率对食物源位置进行更新。若更新后的位置比原位置更好，则替换原位置。

Step 4.3. 侦察蜂群更新：检查是否有需要抛弃的食物源。若食物源位置在上述两步中没有更新，则将食物源位置保持代数 $trial_l$ 加 1（即 $trial_l = trial_l + 1$），否则重置 $trial_l$ 为 0（即 $trial_l = 0$）。检查参数 $trial_l$，若 $trial_l >$

$limits$，则随机产生一个新的食物源位置替代 F_l 并重置 $trial_l$ 为 0（即 $trial_l = 0$）。

Step 5. 若停止准则满足，即 $t > MCN$，结束程序；否则，令 $t = t + 1$，并返回 Step 2。

ABC 算法已经成功应用于多个领域，如进度计划、聚类问题及工程设计等。与其他进化算法相比，尽管 ABC 算法所需的控制参数更少，但它的算法表现却与其他进化算法相当，尤其在求解多变量、多维度最优问题时有着优秀的表现[126−128]。

第3章　缺水控制—主多从对策模型及应用

当今社会，随着人口的增加、经济的发展以及生态环境的破坏，水资源的供需缺口正在逐步加大[77]，同时由于水资源的时空分布不均导致水资源危机的形势更加严峻，水资源匮乏的地区越来越多。水资源影响着社会—经济—生态环境各个方面，它们之间存在密切的联系，既可以相互促进，又可能相互制约。不合理的水资源决策会影响社会的安定和发展[59,108]。我国的缺水地区占了国土面积的很大部分，且由于人口基数庞大、水资源南北分布不均、经济快速发展等原因，我国水资源缺乏问题较世界其他许多国家要严重得多。在特定区域，水资源缺乏时节，如果水资源分配不均，水资源缺乏量越多，社会越不安定，即社会效益越低，这并不满足水资源分配的原则[178]。因此，缺水量的大小成为衡量水资源配置合理性的一个重要指标。在区域水资源配置问题中，区域水管理局的决策目标主要从大局出发，即从整个流域的利益出发，综合各个方面进行考虑，区域水管理局在进行水资源分配时，主要考虑社会稳定性的目标，即旨在最小化流域的缺水量，而子区域水管理者主要考虑自身的经济利益，二者是独立的决策主体，但是决策是相互影响的，根据二者的关系，此问题可以归纳为一个一主多从对策问题，并且考虑到水资源分配系统的复杂性，需要考虑一系列不确定的因素，将某些参数考虑为随机模糊变量，因此建立了带有随机模糊变量的一主多从对策模型。通过对随机模糊变量的描述，采用期望值目标和机会约束的方法对不确定模型进行处理，求得等价的确定型模型。由于主从对策问题甚至是最简单的主从对策问题都是一类 NP−hard 问题，许多学者致力于有效地求解此类问题[101,111,192,209]。在众多的算法中，粒子群算法表现出了易于操作、收敛速度等方面的优越性[85,98,139,172]，而遗传算法在搜索精度以及稳定性方面具有很大的优越性[137,238−239]。由于在主从对策问题中，从属层问题可以看作是主导层问题的约束，求解从属层问题是求解主导层问题的基础，因此采用粒子群算法处理主导层问题，用遗传算法来处理从属层问题，最后运用一个实例验证优化方法的有效性。

3.1 问题描述

在一个区域范围内，根据区域的地形地貌、水利条件、行政区划，一般可将区域划分为若干个子区，如图 3.1 所示。

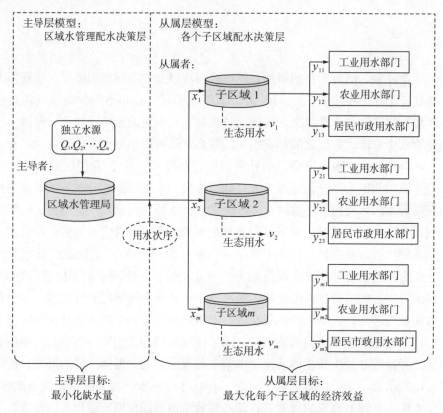

图 3.1 缺水控制的区域水资源分配问题的模型结构

在此问题中，区域水管理局针对公共水源采取决策，决定分配给各个子区域的公共水资源，其主要考虑全局利益，即考虑配水的社会效益，关于配水的社会效益的度量很多，其中缺水量的大小也可以直接反映配水的社会效益。子区域水管理者在收到分配的水资源后，在考虑自身领域内生态维持的基础上，根据用水部门的用水效益，将自身所拥有的水资源除去生态用水部分分配到各个用水部门，以得到最大的经济效益。由此可知，区域水管理局与各个子区域都是独立的决策者，此问题可以抽象成为一个区域水资源分配一主多从对策模型。区域水管理局作为主导者旨在最小化缺水量的目标，在各个子区域间进行公共水权的分配；各个子区域作为从属者，在得到水资源后，考虑自身生态用水需求，将其剩下的水资源在用水部门间分配，以获得最大的经济效益。

3.2　模型构建

在基于缺水控制的区域水资源配置问题的数学模型建立之前，首先对基本假定、符号以及随机模糊变量考虑动机进行详细介绍。

1）基本假定

模型建立在以下假设条件的基础上：

（1）每个子区域的最小水流必须满足最小生态水需求，最大和最小取水量以及用水部门的污水排放系数可知。

（2）每个子区域有自身的污水排放总量限制要求。

（3）将子区域的水需求以及公共水源对子区域的最大和最小供水能力考虑为随机模糊变量，其参数由历史数据以及专业经验通过数据分析方法确定。

2）符号

建立模型所需要的记号如下：

（1）指标。

i：子区域，$i=1,2,\cdots,m$；

j：用水部门，$j=1,2,\cdots,n$；

k：水源，$k=1,2,\cdots,o$。

（2）确定参数。

Q_k：水源 k 可供水量；

q_{jk}：水源 k 供给给用水部门 j 的水量；

v_i：子区域 i 的生态用水量；

λ_{ij}：子区域 i 用水部门 j 的排放的废水中重要污染因子的浓度；

p_{ij}：子区域 i 用水部门 j 的污水排放系数；

ew_i：子区域 i 的废水承载能力；

ρ_i：子区域 i 的供水次序系数。

（3）不确定参数。

$\tilde{e}_{ij}$：子区域 i 的用水部门 j 用水产生的经济效益，其为随机模糊变量；

$\tilde{z}_i^{\min}$：公共水源在子区域 i 中最小供水能力，其为随机模糊变量；

$\tilde{z}_i^{\max}$：公共水源在子区域 i 中最大供水能力，其为随机模糊变量；

$\tilde{r}_{ij}$：子区域 i 的用水部门 j 的需水量，其为随机模糊变量；

$\tilde{g}_i$：子区域 i 维持生态基本需求的水量，其为随机模糊变量。

（4）决策变量。

x_i：公共水源分配给子区域 i 的水权，其为主导层决策变量；

y_{ij}：子区域 i 用水部门 j 的用水量，其为从属层决策变量。

3）随机模糊变量的考虑动机

在水资源配置系统当中，由于社会经济的不断发展，用水经济效益是不断变化的，可视为一个服从某个概率分布的随机变量，其初始参数由已知的数据获得，或者如果可用的数据不是很充分，可以通过多种曲线方法使其满足一个假设的概率分布。不管我们使用初始的获得数据还是外推的数据，都含有不确定的因素，至少不能保证将来的数据具有同样的趋势。在这种情况下，可采用由 Zadeh 提出的模糊集理论[241]，因为模糊集理论的一个主要的特征是处理在测量时的不确定和模糊性[91]。例如，基于历史数据，假设子区域 i 的用水部门 j 的用水效益服从一个正态分布 $N(\mu_{ij},\sigma_{ij}^2)$。由于生活水平的提高、灌溉技术的发展和生产技术的进步，这个用水效益可能会提高，但是这个提高的情况无法从历史数据中观察得到。然而通过对不同的有经验的专家 $g_{ij}=1,2,\cdots,$ G_{ij} 的调查，专家 g_{ij} 对这个概率分布的期望值进行模糊评价，比如"在 $a_{ij}^{g_{ij}}$ 和 $c_{ij}^{g_{ij}}$ 之间，具有一个最可能值 $b_{ij}^{g_{ij}}$"。在这种情况下，我们就可以认为这个概率分布的期望值是一个模糊变量 (l_{ij},m_{ij},r_{ij})，其中

$$a_{ij}=\sum_{g_{ij}=1}^{G_{ij}}a_{ij}^{g_{ij}}/G_{ij},b_{ij}=\sum_{g_{ij}=1}^{G_{ij}}b_{ij}^{g_{ij}}/G_{ij},c_{ij}=\sum_{g_{ij}=1}^{G_{ij}}c_{ij}^{g_{ij}}/G_{ij}$$

这样用水部门的单位用水效益就可以考虑为一个随机模糊变量（见图3.2）。类似地，供水能力以及水需求量也可以考虑为随机模糊变量。

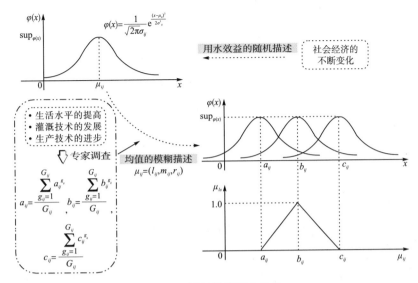

图 3.2　随机模糊用水效益

根据之前给定的基本假设、符号以及随机模糊变量的描述，下面对模型的建立进行详细的描述。

3.2.1　区域水管理局配水决策

在基于缺水控制的区域水资源配置问题中，区域水资源管理者作为主导层的决策者，旨在最小化整个流域的缺水程度。

1）区域水管理局的缺水控制目标

由于区域缺水量的大小或缺水程度影响着社会的发展和稳定，在用水允许破坏深度阈值范围内，缺水量与缺水损失之间近似为线性关系，即用水户缺水量的最小对应缺水损失的最小，即区域总缺水量越小反映社会效益越高。一个子区域的缺水量表示子区域的总体水需求与实际可分配的水的差额，在实际情况中，子区域 i 可分配水为 x_i，由于子区域 i 的需水量为该子区域所有用水部门需求量的总和，即为 $\sum_{j=1}^{n} \tilde{r}_{ij}$，可分配的水量必须先满足环境用水需求 v_i，因此，子区域 i 的缺水量可以表示为 $\sum_{j=1}^{n} \tilde{r}_{ij} - (x_i - v_i)$，流域的水管理局的目标是整个流域的缺水量最小，同时考虑到整个流域的发展规划，每个子区域的用水次序系数为 ρ_i，其为 $[0,1]$ 区间上的数，$\sum_{j=1}^{n} \rho_i = 1$，假设 F 表示区域水管理局的目标函数，则可以得到如下表达式：

$$\min_{x_i} F = \sum_{i=1}^{m} \Big[\sum_{j=1}^{n} \widetilde{\overline{r}}_{ij} - (x_i - v_i) \Big] \rho_i \tag{3.1}$$

由于以上方程含有随机模糊变量 $\widetilde{\overline{r}}_{ij}$，决策者难以获得确切的需求量，根据 Xu 和 Yao 关于随机模糊期望值的定义[235]，决策者可以采用求取期望值的方式考虑平均意义上的目标值，即：

$$\min_{x_i} F = E\Big\{ \sum_{i=1}^{m} \Big[\sum_{j=1}^{n} \widetilde{\overline{r}}_{ij} - (x_i - v_i) \Big] \rho_i \Big\}$$

$$= \sum_{i=1}^{m} \Big\{ \sum_{j=1}^{n} E[\widetilde{\overline{r}}_{ij}] - (x_i - v_i) \Big\} \rho_i \tag{3.2}$$

2）区域水管理局配水约束条件

区域水管理局在最小化缺水量目标是基于以下三类约束：

（1）供水能力约束。

整个区域内的水资源总和代表着这个区域内的供水能力，整个区域内有 o 个独立水源，独立水源 k 能分配一定的水量 Q_k，因此整个区域的供水能力为 $\sum_{k=1}^{o} Q_k$，因为公共水源的供水能力也是一定的，分配给各个子区域的总的水资源 $\sum_{i=1}^{m} x_i$ 不能超过公共水源的量，同时独立水源 k 分配给所有用水部门的总和 $\sum_{j=1}^{n} q_{jk}$ 不应超过其可供应量 Q_k，因此可以得到以下两个约束：

$$\sum_{i=1}^{m} x_i \leqslant \sum_{k=1}^{o} Q_k \tag{3.3}$$

$$\sum_{j=1}^{n} q_{jk} \leqslant \sum_{k=1}^{o} Q_k \tag{3.4}$$

（2）输水能力约束。

在区域公共水源分配给子区域的水量应该处于该子区域最小与最大供水能力之间，由于子区域 i 河道的最小和最大供水能力分别为 $\widetilde{\overline{z}}_i^{\min}$ 和 $\widetilde{\overline{z}}_i^{\max}$，由此可以得到如下约束：

$$\widetilde{\overline{z}}_i^{\min} \leqslant x_i \leqslant \widetilde{\overline{z}}_i^{\max}, \forall i \tag{3.5}$$

由于随机模糊变量 $\widetilde{\overline{z}}_i^{\min}$ 和 $\widetilde{\overline{z}}_i^{\max}$，以上约束存在着不确定性，其数学意义并不明确，决策者无法准确地使得一个随机模糊的量小于或者大于一个确定的量。为了更准确地描述其数学意义，采用机会约束来处理约束（3.5）。首先，决策者可以使式（3.5）满足的机会达到水平 α，因此可得到如下约束：

$$Ch\{\widetilde{\overline{z}}_i^{\min} \leqslant x_i \leqslant \widetilde{\overline{z}}_i^{\max}\}(\alpha) \geqslant \beta, \forall i \tag{3.6}$$

式中，α 为决策者主观确定的该约束满足的可能性；β 为客观调研取得的自身满足的概率。

（3）非负约束。

由于公共水源分配给子区域 i 的水量为非负，因此可以得到如下约束：

$$x_i \geqslant 0, \forall i \tag{3.7}$$

3.2.2　子区域管理者配水决策

各个子区域水资源管理者作为从属层的决策者，他们可以在需水约束、生态用水约束、水污染排放约束以及非负条件的基础上独自追求自身的最大化经济效益目标。

1）各个子区域的经济效益目标

各个子区域在获得公共流域的水权以及在考虑自身可用独立水源的基础之上，可以进行用水部门之间的配水决策。一般地，一个子区域的用水部门包括工业、农业以及居民市政用水部门，每单位的水资源在每个部门能够产生一定的经济效益，因此每个部门在获得一定量的水资源后就会产生一定的经济效益，从而推动该地区社会经济的发展。由之前的说明可知，在子区域 i 中，j 用水部门的单位用水效益为 $\widetilde{e}_{ij}$，因此在用水量为 y_{ij} 的情况下，其可以产生经济效益 $\widetilde{e}_{ij}y_{ij}$，综合所有的用水部门，子区域 i 的用水经济效益为 $\sum\limits_{j=1}^{n}\widetilde{e}_{ij}y_{ij}$，各个子区域的目标是经济效益最大化，因此，对于子区域 i，假设其目标函数为 f_i，其具有如下目标：

$$\max_{y_{ij}} f_i = \sum_{j=1}^{n} \widetilde{e}_{ij}y_{ij}, \forall i \tag{3.8}$$

由于以上方程含有随机模糊变量 $\widetilde{e}_i$，决策者难以获得确切的经济效益值，由之前的说明可知，决策者可以采用求取期望值的方式考虑平均意义上的目标值，即：

$$\max_{y_{ij}} E[f_i] = E\Big[\sum_{j=1}^{n} \widetilde{e}_{ij}y_{ij}\Big] = \sum_{j=1}^{n} E[\widetilde{e}_{ij}]y_{ij}, \forall i \tag{3.9}$$

2）各个子区域的配水约束条件

各个子区域的配水模型具有以下四类约束。

（1）取水约束。

子区域 i 的用水量不能大于其能分配到的总水量，子区域 i 获得的总水量主要用于各个用水部门以及维持生态用水，其可以表示为 $\sum\limits_{j=1}^{n} y_{ij} + v_i$，而子

区域 i 的总水量为 x_i，同时由于不同的水源可能的用途不一样，某些独立水源可能专门用于农业灌溉，某些可能专门用于工业生产等，在这种情况下，所有子区域的用水部门 j 的取水量 $\sum\limits_{i=1}^{m} y_{ij}$ 不能超过所有独立水源可以供给该用水部门的水量 $\sum\limits_{k=1}^{o} q_{jk}$，综上可以得到约束条件（3.10）和（3.11）：

$$\sum_{j=1}^{n} y_{ij} + v_i \leqslant x_i, \forall i \qquad (3.10)$$

$$\sum_{i=1}^{m} y_{ij} \leqslant \sum_{k=1}^{o} q_{jk}, \forall j \qquad (3.11)$$

（2）生态需水约束。

为了保证各个子区域的可持续发展，在配水过程中不能无限制地将水资源分配给产生经济效益的各个部门，生态的维持需要一定的水量要求[7]。对于子区域 i，其维持生态的最低水需求为 $\widetilde{g}_i$，由此可以得到约束（3.12）：

$$v_i \geqslant \widetilde{g}_i, \forall i \qquad (3.12)$$

由于随机模糊变量 $\widetilde{g}_i$，以上约束存在着不确定性，其数学意义并不明确，决策者无法准确地使得一个随机模糊的量小于或者大于一个确定的量。为了更准确地描述其数学意义，采用机会约束来处理约束（3.12）。首先，决策者可以使式（3.13）满足的机会达到水平 e，由此可以得到如下约束：

$$Ch\{v_i \geqslant \widetilde{g}_i\}(e) \geqslant \delta, \forall i \qquad (3.13)$$

式中，e 为决策者主观确定的该约束满足的可能性；δ 为客观调研取得的自身满足的概率。

（3）水污染排放约束。

每个子区域的用水部门在进行用水活动时必定会产生废水，为了保护各个子区域的环境，每个子区域的所有用水部门的废水排放量不能超过其废水承载力，λ_{ij} 为子区域 i 用水部门 j 的废水中重要污染因子的浓度，一般可用生化需氧量 BOD、化学需氧量 COD 等水质指标来表示，p_{ij} 为子区域 i 用水部门 j 的污水排放系数，子区域 i 的废水承载力为 w_i，由此可以得到如下约束：

$$\sum_{j=1}^{n} 0.01\lambda_{ij}p_{ij}y_{ij} \leqslant ew_i, \forall i \qquad (3.14)$$

（4）非负约束。

因为取水量非负，因此可以得到约束（3.15）：

$$y_{ij} \geqslant 0, \forall i, j \tag{3.15}$$

3.2.3　缺水控制全局配水模型

在缺水控制的区域水资源配置一主多从对策问题中，基于可用分配水以及子区域的信息，在供水能力约束、输水能力约束以及非负逻辑约束的条件下，区域水管理局将选择合适的水资源分配方案，以达到最小化所有子区域缺水量的目标。从属层各个子区域将在取水约束、水需求约束、生态需水约束、水污染排放约束以及非负逻辑约束的条件下，基于其自身经济利益目标采取最优配水给各个用水部门的决策。区域水管理局通过分配公共流域的初始水权可以影响从属层各个子区域的决策，而各个子区域的配水决策也会影响区域水管理局的决策。因此，该问题可以抽象为一个一主多从配水模型，通过整合式（3.1），（3.3），（3.4），（3.6），（3.7），（3.9）～（3.15），可以建立一个如下具有期望值目标机会约束的一主多从区域水资源配置规划模型：

$$\min_{x_i} F = \sum_{i=1}^{m} \left\{ \sum_{j=1}^{n} E[\tilde{r}_{ij}] - (x_i - v_i) \right\} \rho_i$$

$$\text{s. t.} \begin{cases} \sum_{i=1}^{m} x_i \leqslant \sum_{k=1}^{o} Q_k \\ \sum_{j=1}^{n} q_{jk} \leqslant \sum_{k=1}^{o} Q_k \\ Ch\{\tilde{z}_i^{\min} \leqslant x_i \leqslant \tilde{z}_i^{\max}\}(\alpha) \geqslant \beta, \forall i \\ x_i \geqslant 0, \forall i \\ \max_{y_{ij}} E[f_i] = \sum_{j=1}^{n} E[\tilde{e}_{ij}] y_{ij}, \forall i \\ \text{s. t.} \begin{cases} \sum_{j=1}^{n} y_{ij} + v_i \leqslant x_i, \forall i \\ \sum_{i=1}^{m} y_{ij} \leqslant \sum_{k=1}^{o} q_{jk}, \forall j \\ Ch\{v_i \geqslant \tilde{g}_i\}(e) \geqslant \delta, \forall i \\ \sum_{j=1}^{n} 0.01 \lambda_{ij} p_{ij} y_{ij} \leqslant ew_i, \forall i \\ y_{ij} \geqslant 0, \forall i, j \end{cases} \end{cases} \tag{3.16}$$

以上的缺水控制区域水资源配置—主多从对策模型是线性的，随机模糊变量是服从正态分布的随机模糊变量，正态分布的期望值为一个三角 $L-R$ 模糊变量，并且模型主导层为最小化问题，从属层为最大化问题。下面对一般的线性服从正态分布的随机模糊带期望目标和机会约束的—主多从对策模型（主导层为最小化问题，从属层为最大化问题）进行仔细研究。

$$
\begin{cases}
\min_{\boldsymbol{x}} F(\boldsymbol{x},\boldsymbol{y}) = E[\tilde{\boldsymbol{a}}_1^{\mathrm{T}} x + \tilde{\boldsymbol{b}}_1^{\mathrm{T}} y] \\[2mm]
\text{s. t.}
\begin{cases}
\{Ch\tilde{\boldsymbol{c}}_{1r_1}^{\mathrm{T}} \boldsymbol{x} + \tilde{\boldsymbol{d}}_{1r_1}^{\mathrm{T}} \boldsymbol{y} \geqslant \tilde{\boldsymbol{e}}_{1r_1}\}(\delta_{1r_1}) \geqslant \gamma_{1r_1}, r_1 = 1,2,\cdots,p_1 \\[2mm]
\text{其中 } \boldsymbol{y} \text{ 解决下面的问题：} \\[2mm]
\max_{\boldsymbol{y}} f_k(\boldsymbol{x},\boldsymbol{y}) = E[\tilde{\boldsymbol{a}}_{2k}^{\mathrm{T}} x + \tilde{\boldsymbol{b}}_{2k}^{\mathrm{T}} y], k = 1,2,\cdots,K \\[2mm]
\text{s. t.}
\begin{cases}
Ch\{\tilde{\boldsymbol{c}}_{2r_2}^{\mathrm{T}} x + \tilde{\boldsymbol{d}}_{2r_2}^{\mathrm{T}} y \geqslant \tilde{\boldsymbol{e}}_{2r_2}\}(\delta_{2r_2}) \geqslant \gamma_{2r_2}, r_2 = 1,2,\cdots,p_2 \\[2mm]
\boldsymbol{x},\boldsymbol{y} \geqslant 0
\end{cases}
\end{cases}
\end{cases}
$$

$$(3.17)$$

式中，$F(\boldsymbol{x},\boldsymbol{y})$ 和 $f_k(\boldsymbol{x},\boldsymbol{y})$ 分别称为主导层目标函数和从属层目标函数，其中 $k=1,2,\cdots,K$，K 表示从属层从属者的个数；$\tilde{\boldsymbol{a}}_1$，$\tilde{\boldsymbol{a}}_{2k_2}$，$\tilde{\boldsymbol{c}}_{1r_1}$，$\tilde{\boldsymbol{c}}_{2r_2} \in R^{n_1}$ 和 $\tilde{\boldsymbol{b}}_1$，$\tilde{\boldsymbol{b}}_{2k_2}$，$\tilde{\boldsymbol{d}}_{1r_1}$，$\tilde{\boldsymbol{d}}_{2r_2} \in R^{n_2 \times k}$ 为服从正态分布的随机模糊向量；$\tilde{\boldsymbol{e}}_{1r_1}$，$\tilde{\boldsymbol{e}}_{2r_2}$ 为服从正态分布的随机模糊变量；$\boldsymbol{x} \in R^{n_1}$，$\boldsymbol{y} \in R^{n_2 \times k}$ 分别为主导层和从属层的决策变量。

以上线性服从正态分布的随机模糊带期望目标和机会约束的—主多从对策模型的约束集可以表示如下。

（1）决策模型（3.17）的约束集为：

$$
\Theta = \tilde{\boldsymbol{X}} \times \tilde{\boldsymbol{Y}} = \left\{ (\boldsymbol{x},\boldsymbol{y}) \left|
\begin{array}{l}
Ch\{\tilde{\boldsymbol{c}}_{1r_1}^{\mathrm{T}} \boldsymbol{x} + \tilde{\boldsymbol{d}}_{1r_1}^{\mathrm{T}} \boldsymbol{y} \geqslant \tilde{\boldsymbol{e}}_{1r_1}\}(\delta_{1r_1}) \geqslant \gamma_{1r_1}, r_1 = 1,2,\cdots,p_1 \\[2mm]
Ch\{\tilde{\boldsymbol{c}}_{2r_2}^{\mathrm{T}} \boldsymbol{x} + \tilde{\boldsymbol{d}}_{2r_2}^{\mathrm{T}} \boldsymbol{y} \geqslant \tilde{\boldsymbol{e}}_{2r_2}\}(\delta_{2r_2}) \geqslant \gamma_{2r_2}, r_2 = 1,2,\cdots,p_2
\end{array}
\right. \right\}
$$

（2）从属层规划（3.17）的约束集为：

$$
\Theta(\boldsymbol{x}) = \{\boldsymbol{y} \mid Ch\{\tilde{\boldsymbol{c}}_{2r_2}^{\mathrm{T}} \boldsymbol{x} + \tilde{\boldsymbol{d}}_{2r_2}^{\mathrm{T}} \boldsymbol{y} \geqslant \tilde{\boldsymbol{e}}_{2r_2}\}(\delta_{2r_2}) \geqslant \gamma_{2r_2}, r_2 = 1,2,\cdots,p_2\}
$$

1）服从正态分布的随机模糊期望目标的等价转化

在等价转化模型（3.17）中的期望值目标之前，首先介绍随机模糊变量的期望值与方差的定义。

首先，根据文献［64,80］，在 $(\Omega, P(\Omega), Pos)$ 上的模糊变量 ξ 的期望值可定义为：

$$E[\xi] = \int_0^{+\infty} C_r\{\omega\,|\,\xi(\omega) \geqslant t\}\mathrm{d}t - \int_{-\infty}^0 C_r\{\omega\,|\,\xi(\omega) \leqslant t\}\mathrm{d}t \qquad (3.18)$$

一个随机模糊变量的期望值在一定程度上与上面的表述相似，根据文献 [155]，假设 ξ 是一个随机模糊数，定义在可能性空间 $(\Omega，P(\Omega)，Pos)$，其期望值可以描述为：

$$E[\xi] = \int_0^{+\infty} C_r\{\omega \in \Omega\,|\,E[\xi(\omega)] \geqslant r\}\mathrm{d}r - \int_{-\infty}^0 C_r\{\omega \in \Omega\,|\,E[\xi(\omega)] \leqslant r\}\mathrm{d}r$$

条件是上面两个整数中的至少一个整数是有限的。值得一提的是，对于每一个 $\omega \in \Omega$，随机变量 $\xi(\omega)$ 的期望值 $E[\xi(\omega)]$ 是有限的，且 $E[\xi(\omega)]$ 是 $(\Omega，P(\Omega)，Pos)$ 上的一个模糊变量。

由于服从正态分布的随机模糊变量是一类连续随机模糊变量，下面对连续随机模糊变量的期望值进行讨论。

设 ξ 是一个在 $(\Omega，P(\Omega)，Pos)$ 上的连续随机变量，其具有密度函数 $\widetilde{p}(x)$，其期望值可定义如下[155,235]：

$$E[\xi] = \int_0^{\infty} C_r\left\{\int_{x \in \Omega} x\widetilde{p}(x)\mathrm{d}x \geqslant r\right\}\mathrm{d}r - \int_{-\infty}^0 C_r\left\{\int_{x \in \Omega} x\widetilde{p}(x)\mathrm{d}x \leqslant r\right\}\mathrm{d}r$$

$$(3.19)$$

式中，$\widetilde{p}(x)$ 是一个密度函数，具有定义在 $(\Omega，P(\Omega)，Pos)$ 上的模糊参数。

下面主要介绍服从正态分布的随机模糊变量期望值的处理和性质。

假设 $\xi \sim N(\widetilde{\mu},\sigma^2)$ 是一个服从正态分布的随机模糊变量，其中 $\widetilde{\mu}$ 是一个定义在 $(\Omega，P(\Omega)，Pos)$ 上的模糊变量，其具有以下隶属函数：

$$\mu_{\widetilde{\mu}}(t) = \begin{cases} L\left(\dfrac{\mu-t}{\alpha}\right), t \leqslant \mu, \alpha > 0 \\[2mm] R\left(\dfrac{t-\mu}{\beta}\right), t \geqslant \mu, \beta > 0 \end{cases} \qquad (3.20)$$

式中，μ 为 $\widetilde{\mu}$ 的"平均值"；α 和 β 分别为 $\widetilde{\mu}$ 的左、右边界。参照函数 L,R：$[0,1] \rightarrow [0,1]$，其中 $L(1) = R(1) = 0$ 和 $L(0) = R(0) = 1$，是非增连续函数。从而可得：

$$E[\xi] = \mu + \frac{\alpha}{2}[\Upsilon(0) - \Upsilon(1)] + \frac{\beta}{2}[\chi(1) - \chi(0)] \qquad (3.21)$$

该期望值证明见附录证明 A.1。

假设 $\xi \sim N(\widetilde{\mu},\sigma^2)$ 是一个服从正态分布的随机模糊变量，其中 $\widetilde{\mu} = (\mu - \alpha,\mu,\mu + \beta)$ 是一个三角 $L-R$ 模糊变量，因此 $\widetilde{\mu}$ 的参照参数是 $L(x) = R(x) = 1 - x(x \in [0,1])$。从而可知 $\Upsilon(x) = \chi(x) = -\dfrac{1}{2}x^2 + x + C$。根

据式（3.20）可知：

$$E[\xi] = \mu - \frac{\alpha}{2}\left[-\frac{1}{2}+1\right] + \frac{\beta}{2}\left[-\frac{1}{2}+1\right] = \mu + \frac{\beta-\alpha}{4} \qquad (3.22)$$

此外，根据文献［155］，假设 ξ 和 η 是服从正态分布的随机模糊变量，对于任意实数 a 和 b，可以进行如下转化：

$$E[a\xi + b\eta] = aE[\xi] + bE[\eta] \qquad (3.23)$$

假设在模型（3.17）中，$\tilde{a}_1 \sim N(\tilde{\mu}_1^a, \sigma_1^{a2})$，其中 $\tilde{\mu}_1^a = (\mu_1^a - \alpha_1^a, \mu_1^a, \mu_1^a + \beta_1^a)$；$\tilde{b}_1 \sim N(\tilde{\mu}_1^b, \sigma_1^{b2})$，其中 $\tilde{\mu}_1^b = (\mu_1^b - \alpha_1^b, \mu_1^b, \mu_1^b + \beta_1^b)$；$\tilde{a}_{2k} \sim N(\tilde{\mu}_{2k}^a, \sigma_{2k}^{a2})$，其中 $\tilde{\mu}_{2k}^a = (\mu_{2k}^a - \alpha_{2k}^a, \mu_{2k}^a, \mu_{2k}^a + \beta_{2k}^a)$；$\tilde{b}_{2k} \sim N(\tilde{\mu}_{2k}^b, \sigma_{2k}^{b2})$，其中 $\tilde{\mu}_{2k}^b = (\mu_{2k}^b - \alpha_{2k}^b, \mu_{2k}^b, \mu_{2k}^b + \beta_{2k}^b)$。根据式（3.22）和式（3.23），主导层和从属层的目标函数可以转化为确定的形式，其过程如下：

$$\begin{aligned} E[F(\boldsymbol{x}, \boldsymbol{y})] &= E[\tilde{\boldsymbol{a}}_1^T \boldsymbol{x} + \tilde{\boldsymbol{b}}_1^T \boldsymbol{y}] \\ &= E[\tilde{\boldsymbol{a}}_1^T]\boldsymbol{x} + E[\tilde{\boldsymbol{b}}_1^T]\boldsymbol{y} \\ &= \left(\boldsymbol{u}_1^a - \frac{\boldsymbol{a}_1^a}{4} + \frac{\boldsymbol{\beta}_1^a}{4}\right)^T \boldsymbol{x} + \left(\boldsymbol{u}_1^b - \frac{\boldsymbol{a}_1^b}{4} + \frac{\boldsymbol{\beta}_1^b}{4}\right)^T \boldsymbol{y} \end{aligned}$$

$$(3.24)$$

以及，对于任意 $k=1, 2, \cdots, K$ 有：

$$\begin{aligned} E[f_k(\boldsymbol{x}, \boldsymbol{y})] &= E[\tilde{\boldsymbol{a}}_{2k}^T x + \tilde{\boldsymbol{b}}_{2k}^T y] \\ &= E[\tilde{\boldsymbol{a}}_{2k}^T]\boldsymbol{x} + E[\tilde{\boldsymbol{b}}_{2k}^T]\boldsymbol{y} \\ &= \left(\boldsymbol{u}_{2k}^a - \frac{\boldsymbol{a}_{2k}^a}{4} + \frac{\boldsymbol{\beta}_{2k}^a}{4}\right)^T \boldsymbol{x} + \left(\boldsymbol{u}_{2k}^b - \frac{\boldsymbol{a}_{2k}^b}{4} + \frac{\boldsymbol{\beta}_{2k}^b}{4}\right)^T \boldsymbol{y} \end{aligned}$$

$$(3.25)$$

2）随机模糊机会约束的等价转化

模型（3.17）约束条件中的随机模糊变量是服从正态分布的随机模糊变量，其均值是 $L-R$ 模糊变量，以下针对这种形式的随机模糊变量进行讨论。

设 $\xi_1 = (\mu_1, \alpha_1, \beta_1)_{LR}$ 和 $\xi_2 = (\mu_2, \alpha_2, \beta_2)_{LR}$ 是 $L-R$ 模糊数，从而有：

$$\xi_1 + \xi_2 = (\mu_1 + \mu_2, \alpha_1 + \alpha_2, \beta_1 + \beta_2)_{LR}$$

和

$$\xi_1 - \xi_2 = (\mu_1 - \mu_2, \alpha_1 + \alpha_2, \beta_1 + \beta_2)_{LR}$$

详细的证明过程可见附录中的证明 A.2。

假设 $\tilde{c}_{1r_1} = (\tilde{c}_{1r_11}, \tilde{c}_{1r_12}, \cdots, \tilde{c}_{1r_1n1})^T$，$\tilde{d}_{1r_1} = (\tilde{d}_{1r_11}, \tilde{d}_{1r_12}, \cdots, \tilde{d}_{1r_1n2\times k})^T$ 是服从正态分布的随机模糊向量，其具有模糊均值向量 $\tilde{u}_{1r_1}(\omega) = (\tilde{u}_{1r_1}^c(\omega),$

$\tilde{u}^c_{1r2}(\omega),\cdots,\tilde{u}^c_{1r_1n1}(\omega))^{\mathrm{T}}$，$\boldsymbol{\tilde{u}}^d_{1r_1}(\omega) = (\tilde{u}^d_{1r_1}(\omega),\tilde{u}^d_{1r2}(\omega),\cdots,\tilde{u}^d_{1r_1n2\times k}(\omega))^{\mathrm{T}}$ 和协方差矩阵 $\boldsymbol{V}^c_{1r_1}$，$\boldsymbol{V}^d_{1r_1}$，表述为 $\boldsymbol{\tilde{c}}_{1r_1} \sim N(\boldsymbol{\tilde{u}}^c_{1r_1}(\omega),\boldsymbol{V}^c_{1r_1})$ 和 $\boldsymbol{\tilde{d}}_{1r_1} \sim N(\boldsymbol{\tilde{u}}^d_{1r_1}(\omega),\boldsymbol{V}^d_{1r_1})$；$\tilde{e}_{1r_1}$ 是一个随机模糊变量，其模糊均值变量为 $\tilde{u}^e_{1r_1}(\omega)$ 和方差为 $(\sigma^e_{1r_1})^2$，可表述为 $\tilde{e}_{1r_1} \sim N(\tilde{u}^e_{1r_1}(\omega),(\sigma^e_{1r_1})^2)$，其中 $\tilde{u}^c_{1r_1l_1}(\omega),l_1 = 1,2,\cdots,n_1$，$\tilde{u}^d_{1r_1l_2}(\omega),l_2 = 1,2,\cdots,n_2\times k$ 和 $\tilde{u}^e_{1r_1}(\omega)$ 是分别具有以下隶属函数的模糊变量：

$$\mu_{\tilde{u}^c_{1r_1l_1}(\omega)}(t) = \begin{cases} L\left(\dfrac{u^c_{1r_1l_1}-t}{\alpha^c_{1r_1l_1}}\right),t \leqslant u^c_{1r_1l_1} \\ \\ R\left(\dfrac{t-u^c_{1r_1l_1}}{\beta^c_{1r_1l_1}}\right),t \geqslant u^c_{1r_1l_1} \end{cases} \quad \omega \in \Omega \quad (3.26)$$

$$\mu_{\tilde{u}^d_{1r_1l_2}(\omega)}(t) = \begin{cases} L\left(\dfrac{u^d_{1r_1l_2}-t}{\alpha^d_{1r_1l_2}}\right),t \leqslant u^d_{1r_1l_2} \\ \\ R\left(\dfrac{t-u^d_{1r_1l_2}}{\beta^d_{1r_1l_2}}\right),t \geqslant u^d_{1r_1l_2} \end{cases} \quad \omega \in \Omega \quad (3.27)$$

和

$$\mu_{\tilde{u}^e_{1r1}(\omega)}(t) = \begin{cases} L\left(\dfrac{u^e_{1r_1}-t}{\alpha^e_{1r_1}}\right),t \leqslant u^e_{1r_1} \\ \\ R\left(\dfrac{t-u^e_{1r_1}}{\beta^e_{1r_1}}\right),t \geqslant u^e_{1r_1} \end{cases} \quad \omega \in \Omega \quad (3.28)$$

式中，$\alpha^c_{1r_1l_1}$，$\beta^c_{1r_1l_1}$ 是描述 $\tilde{u}^c_{1r_1l_1}(\omega)$ 左右边界的正数；$\alpha^d_{1r_1l_2}$，$\beta^d_{1r_1l_2}$ 是描述 $\tilde{u}^d_{1r_1l_2}(\omega)$ 左右边界的正数；$\alpha^e_{1r_1}$，$\beta^e_{1r_1}$ 是描述 $\tilde{u}^e_{1r_1}(\omega)$ 左右边界的正数；$r_1 = 1$，2，$\cdots$，p_1，$l_1 = 1$，2，$\cdots$，n_1，$l_2 = 1$，2，$\cdots$，$n_2 \times k$ 和参照函数 $L,R:$ $[0,1] \rightarrow [0,1]$，其中 $L(1) = R(1) = 0$ 和 $L(0) = R(0) = 1$ 是非增连续函数。

　　假设对于任意 $\omega \in \Omega$，$\tilde{c}_{1r_1l_1}(\omega)$，$\tilde{d}_{1r_1l_1}(\omega)$，$\tilde{e}_{1r_1}(\omega)$ 是独立的随机变量。从而可得：

$Pos\{\omega \mid \Pr\{\boldsymbol{\tilde{c}}^{\mathrm{T}}_{1r_1}(\omega)\boldsymbol{x} + \boldsymbol{\tilde{d}}^{\mathrm{T}}_{1r_1}(\omega)\boldsymbol{y} \geqslant \tilde{e}_{1r_1}(\omega)\} \geqslant \gamma_{1r_1}\} \geqslant \delta_{1r_1}, r_1 = 1,2,\cdots,p_1$

　　当且仅当

$(\boldsymbol{u}^{cT}_{1r_1}\boldsymbol{x} + \boldsymbol{u}^{dT}_{1r_1}\boldsymbol{y} - u^e_{1r_1}) + \Phi^{-1}(1-\gamma_{1r_1})\sqrt{\boldsymbol{x}^{\mathrm{T}}\boldsymbol{V}^c_{1r_1}\boldsymbol{x} + \boldsymbol{y}^{\mathrm{T}}\boldsymbol{V}^d_{1r_1}\boldsymbol{y} + (\sigma^e_{1r_1})^2} + L^{-1}(\delta_{1r_1})(\beta^e_{1r_1} + \boldsymbol{\alpha}^{cT}_{1r_1}\boldsymbol{x} + \boldsymbol{\alpha}^{dT}_{1r_1}\boldsymbol{y}) \leqslant 0$

　　详细的证明过程可见附录中的证明 A.3。

假设 $\tilde{c}_{2r_2} = (\tilde{c}_{2r_21}, \tilde{c}_{2r_22}, \cdots, \tilde{c}_{2r_2n1})^{\mathrm{T}}$，$\tilde{\tilde{d}}_{2r_1} = (\tilde{\tilde{d}}_{1r_11}, \tilde{\tilde{d}}_{1r_12}, \cdots, \tilde{\tilde{d}}_{1r_1n_2 \times k})^{\mathrm{T}}$ 是服从正态分布的随机模糊向量，其具有模糊均值向量 $\tilde{u}^c_{2r_2}(\omega) = (\tilde{u}^c_{2r_21}(\omega), \tilde{u}^c_{2r_22}(\omega), \cdots, \tilde{u}^c_{2r_2n1}(\omega))^{\mathrm{T}}$，$\tilde{u}^d_{2r_1}(\omega) = (\tilde{u}^d_{2r_21}(\omega), \tilde{u}^d_{2r_22}(\omega), \cdots, \tilde{u}^d_{2r_2n_2 \times k}(\omega))^{\mathrm{T}}$ 和协方差矩阵 $\boldsymbol{V}^c_{1r_1}$，$\boldsymbol{V}^d_{2r_2}$，表述为 $\tilde{c}_{2r_2} \sim N(\tilde{u}^c_{2r_2}(\omega), \boldsymbol{V}^c_{2r_2})$ 和 $\tilde{\tilde{d}}_{2r_2} \sim N(\tilde{u}^d_{2r_2}(\omega), \boldsymbol{V}^d_{2r_2})$；$\tilde{e}_{2r_2}$ 是一个随机模糊变量，其模糊均值变量为 $\tilde{u}^e_{2r_2}(\omega)$ 和方差为 $(\sigma^e_{2r_2})^2$，可表述为 $\tilde{e}_{2r_1} \sim N(\tilde{u}^e_{2r_2}(\omega), (\sigma^e_{2r_2})^2)$，其中 $\tilde{u}^c_{2r_2l_1}(\omega)$，$l_1 = 1, 2, \cdots, n_1$，$\tilde{u}^d_{2r_2l_2}(\omega)$，$l_2 = 1, 2, \cdots, n_2 \times k$ 和 $\tilde{u}^e_{1r_1}(\omega)$ 是分别具有以下隶属函数的模糊变量：

$$\mu_{\tilde{u}^c_{2r_2l_1}(\omega)}(t) = \begin{cases} L\left(\dfrac{u^c_{2r_2l_1} - t}{\alpha^c_{2r_2l_1}}\right), t \leqslant u^c_{2r_2l_1} \\ R\left(\dfrac{t - u^c_{2r_2l_1}}{\beta^c_{2r_2l_1}}\right), t \geqslant u^c_{2r_2l_1} \end{cases} \quad \omega \in \Omega \qquad (3.29)$$

$$\mu_{\tilde{u}^d_{2r_2l_2}(\omega)}(t) = \begin{cases} L\left(\dfrac{u^d_{2r_2l_2} - t}{\alpha^d_{2r_2l_2}}\right), t \leqslant u^d_{2r_2l_2} \\ R\left(\dfrac{t - u^d_{2r_2l_2}}{\beta^d_{2r_2l_2}}\right), t \geqslant u^d_{2r_2l_2} \end{cases} \quad \omega \in \Omega \qquad (3.30)$$

和

$$\mu_{\tilde{u}^e_{2r2}(\omega)}(t) = \begin{cases} L\left(\dfrac{u^e_{2r_2} - t}{\alpha^e_{2r_2}}\right), t \leqslant u^e_{2r_2} \\ R\left(\dfrac{t - u^c_{2r_2l_1}}{\beta^c_{2r_2}}\right), t \geqslant u^e_{2r_2} \end{cases} \quad \omega \in \Omega \qquad (3.31)$$

式中，$\alpha^c_{2r_2l_1}$，$\beta^c_{2r_2l_1}$ 是描述 $\tilde{u}^c_{2r_2l_1}(\omega)$ 左右边界的正数；$\alpha^d_{2r_2l_2}$，$\beta^d_{2r_2l_2}$ 是描述 $\tilde{u}^d_{2r_2l_2}(\omega)$ 左右边界的正数；$\alpha^e_{2r_2}$，$\beta^c_{2r_2}$ 是描述 $\tilde{u}^e_{2r_2}(\omega)$ 左右边界的正数；$r_1 = 1, 2, \cdots, p_1$，$l_1 = 1, 2, \cdots, n_1$，$l_2 = 1, 2, \cdots, n_2 \times k$ 和参照函数 L, R：$[0,1] \rightarrow [0,1]$，其中 $L(1) = R(1) = 0$ 和 $L(0) = R(0) = 1$ 是非增连续函数。

假设对于任意 $\omega \in \Omega$，$\tilde{c}_{2r_2l_1}(\omega)$，$\tilde{\tilde{d}}_{2r_2l_2}(\omega)$，$\tilde{e}_{2r_2}(\omega)$ 是独立的随机变量。从而可得：

$$Pos\{\omega \mid \Pr\{\tilde{c}^{\mathrm{T}}_{2r_2}(\omega)\boldsymbol{x} + \tilde{\tilde{d}}^{\mathrm{T}}_{2r_2}(\omega)\boldsymbol{y} \geqslant \tilde{e}_{2r_2}(\omega)\} \geqslant \gamma_{2r_2}\} \geqslant \delta_{2r_2}$$

当且仅当

$$(\boldsymbol{u}_{2r_2}^{c\mathrm{T}}\boldsymbol{x}+\boldsymbol{u}_{2r_2}^{d\mathrm{T}}\boldsymbol{y}-u_{2r_2}^{e})+\Phi^{-1}(\gamma_{2r_2})\sqrt{\boldsymbol{x}^{\mathrm{T}}\boldsymbol{V}_{2r_2}^{c}\boldsymbol{x}+\boldsymbol{y}^{\mathrm{T}}\boldsymbol{V}_{2r_2}^{d}\boldsymbol{y}+(\sigma_{2r_2}^{e})^2}-$$

$$R^{-1}(\delta_{2r_2})(\alpha_{2r_2}^{e}+\boldsymbol{\beta}_{2r_2}^{c\mathrm{T}}\boldsymbol{x}+\boldsymbol{\beta}_{2r_2}^{d\mathrm{T}}\boldsymbol{y})\leqslant 0$$

详细的证明过程可见附录中的证明 A.4。

综上所述，我们可以得到含有服从正态分布的随机模糊变量的期望值目标与机会约束—主多从模型（主导层为最小化问题，从属层为最大化问题）的一般等价模型如下：

$$\min_{\boldsymbol{x}}\Big[\Big(\boldsymbol{u}_1^a-\frac{\boldsymbol{a}_1^a}{4}+\frac{\boldsymbol{\beta}_1^a}{4}\Big)^{\mathrm{T}}\boldsymbol{x}+\Big(\boldsymbol{u}_1^b-\frac{\boldsymbol{a}_1^b}{4}+\frac{\boldsymbol{\beta}_1^b}{4}\Big)^{\mathrm{T}}\boldsymbol{y}\Big]$$

$$\text{s. t.}\begin{cases} (\boldsymbol{u}_{1r_1}^{c\mathrm{T}}\boldsymbol{x}+\boldsymbol{u}_{1r_1}^{d\mathrm{T}}\boldsymbol{y}-u_{1r_1}^{e})+\Phi^{-1}(1-\gamma_{1r_1})\sqrt{\boldsymbol{x}^{\mathrm{T}}\boldsymbol{V}_{1r_1}^{c}\boldsymbol{x}+\boldsymbol{y}^{\mathrm{T}}\boldsymbol{V}_{1r_1}^{d}\boldsymbol{y}+(\sigma_{1r_1}^{e})^2}+ \\ L^{-1}(\delta_{1r_1})(\beta_{1r_1}^{e}+\boldsymbol{\alpha}_{1r_1}^{c\mathrm{T}}\boldsymbol{x}+\boldsymbol{\alpha}_{1r_1}^{d\mathrm{T}}\boldsymbol{y})\leqslant 0, r_1=1,2,\cdots,p_1 \\ \text{其中 }\boldsymbol{y}\text{ 是如下问题的解：} \\ \max_{\boldsymbol{y}}\Big[\Big(\boldsymbol{u}_{2k}^a-\frac{\boldsymbol{a}_{2k}^a}{4}+\frac{\boldsymbol{\beta}_{2k}^a}{4}\Big)^{\mathrm{T}}\boldsymbol{x}+\Big(\boldsymbol{u}_{2k}^b-\frac{\boldsymbol{a}_{2k}^b}{4}+\frac{\boldsymbol{\beta}_{2k}^b}{4}\Big)^{\mathrm{T}}\boldsymbol{y},k=1,2,\cdots,K\Big] \\ \text{s. t.}\begin{cases} (\boldsymbol{u}_{2r_2}^{c\mathrm{T}}\boldsymbol{x}+\boldsymbol{u}_{2r_2}^{d\mathrm{T}}\boldsymbol{y}-u_{2r_2}^{e})+\Phi^{-1}(\gamma_{2r_2})\sqrt{\boldsymbol{x}^{\mathrm{T}}\boldsymbol{V}_{2r_2}^{c}\boldsymbol{x}+\boldsymbol{y}^{\mathrm{T}}\boldsymbol{V}_{2r_2}^{d}\boldsymbol{y}+(\sigma_{2r_2}^{e})^2} \\ -R^{-1}(\delta_{2r_2})(\alpha_{2r_2}^{e}+\boldsymbol{\beta}_{2r_2}^{c\mathrm{T}}\boldsymbol{x}+\boldsymbol{\beta}_{2r_2}^{d\mathrm{T}}\boldsymbol{y})\leqslant 0, r_2=1,2,\cdots,p_2 \\ \boldsymbol{x},\boldsymbol{y}\geqslant 0 \end{cases} \end{cases}$$

$$(3.32)$$

3.3　Chaos–based aPSO–eGA 算法

以上建立的缺水控制的区域水资源分配等价确定性模型是一个非线性规划模型。众所周知，主从对策模型即使是最简单的线性主从对策模型都是 NP-hard 问题[49,109]。对于这样的模型，很难找到一个分析最优解。因此，人们常常通过近似算法或者启发式算法搜索模型的数值有效解或数值最优解。为求解主从对策模型，粒子群最优算法（PSO）已经被一些学者研究与应用，并取得了不错的结果[139,174,233]。对于大多数启发式进化算法而言，粒子群最优拥有更快的计算速度。而求解一个主从对策模型所需的计算时间往往是对应的单层规划所需时间的指数倍，这是人们应用粒子群最优求解主从对策问题的一个重要原因。在模型（4.19）中，除了模型结构外，从属层的子区域水资源分配模型也在很大程度上增加了模型的计算复杂度和求解所需时间，从属层模型的求解更多地考虑解的质量而不是求解速度。因为从属层模型实际上只是主导层模型的一个约束，如果所求的从属层模型的解不是最优解，那么由此而发现的主导层模型的解便很可能不是主从对策模型的可行解。因此，为了求解从属层模型，需要选择一个拥有更高的精确度和稳定性的算法。基于此，选择遗传算法（GA）求解从属层多模式资源约束项目进度计划模型。在此情况下，将开发一个基于混沌的自适应粒子群最优与基于熵－铂尔曼的自适应遗传算法相交互的混合进化算法（Chaos－based aPSO－eGA）去求解上述的非线性区域水资源分配规划模型。

3.3.1 Chaos－based aPSO

如前所述，为了求解主导层规划模型，一个基于混沌的自适应粒子群最优算法（Chaos－based aPSO）将用于处理主导层模型。同时，在粒子群最优算法中，惯性权重对于算法的进化过程有着显著的影响。为了提高粒子的搜索有效性，一个参数自适应规则将用于不断更新粒子的进化权重。

在对 Chaos－based aPSO 算法进行描述以前，首先对算法中将出现的参数符号作如下定义：

τ：算法迭代代数，$\tau=1$，2，$\cdots$，T；

s：种群粒子，$s=1$，2，$\cdots$，S；

d：粒子维度，$d=1$，2，$\cdots$，D；

r_1，r_2，r_3：$[0，1]$ 区间内服从均匀分布的随机数；

$\omega(\tau)$：第 τ 代惯性权重；

ω^{min}：最小惯性权重；

ω^{max}：最大惯性权重；

c_p：个体最优位置加速常数；

c_g：全局最优位置加速常数；

c_l：局部最优加速常数

$\theta_{sd}(\tau)$：第 τ 代第 s 个粒子第 d 维度的位置；

$v_{sd}(\tau)$：第 τ 代第 s 个粒子第 d 维度的速度；

$pbest_{sd}$：第 s 个粒子第 d 维度的个体最优位置；

$gbest_d$：第 d 维度全局最优位置；

$lbest_{sd}$：第 s 个粒子第 d 维度的局部最优位置；

$\Theta_s(\tau)$：第 τ 代第 s 个粒子的位置向量，$\Theta_s(\tau)=[\theta_{s1}(\tau),\theta_{s2}(\tau),\cdots,\theta_{sD}(\tau)]$；

$\boldsymbol{V}_s(\tau)$：第 τ 代第 s 个粒子的速度向量，$\boldsymbol{V}_s(\tau)=[v_{s1}(\tau),v_{s2}(\tau),\cdots,v_{sD}(\tau)]$；

Pbest$_s$：第 s 个粒子的个体最优位置向量，**Pbest**$_s$ = $\begin{bmatrix} pbest_{s1}, & pbest_{s2}, & \cdots, \end{bmatrix}$
$pbest_{sD}\end{bmatrix}$

Gbest：全局最优位置向量，**Gbest** = $\begin{bmatrix} gbest_1, & gbest_2, & \cdots, & gbest_D \end{bmatrix}$；

Lbest$_s$：第 s 个粒子局部最优位置向量，**Lbest**$_s$ = $\begin{bmatrix} lbest_{s1}, & lbest_{s2}, & \cdots, \end{bmatrix}$
$lbest_{sD}\end{bmatrix}$；

$Fit(\Theta_s)$：Θ_s 的适应值。

1）混沌技术

在粒子群算法中，避免陷入局部最优的一个方法就是引入多个社会学习方式[94,182]。局部搜索是一个重要的社会学习方法之一。在这种情况下，第 s 个粒子的更新不仅依赖于个体最优 $Pbest_s$ 和全局最优 $Gbest$，而且依赖于局部最优 $Lbest_s$，粒子速度和位置更新采用以下公式：

$$v_{sd}(\tau+1) = \omega(\tau)v_{sd}(\tau) + c_p r_1(pbest_{sd}(\tau) - \theta_{sd}(\tau)) +$$
$$c_g r_2(gbest_d(\tau) - \theta_{sd}(\tau)) + c_l r_3(lbest_{sd}(\tau) - \theta_{sd}(\tau))$$
$$\theta_{sd}(\tau+1) = \theta_{sd}(\tau) + v_{sd}(\tau+1) \tag{3.33}$$

为了获得局部最优位置 $Lbest_s$，采用混沌技术来搜索每一个个体最优位置的局域。混沌是非线性系统的一个特征，并且已经运用到许多搜索算法中，因为其有着避免陷入局部最优的特殊能力[222]。Caponetto 提出了一个典型的混沌系统逻辑方程[65]，其定义如下：

$$cx^{h+1} = \eta cx^h(1-x^h) \tag{3.34}$$

式中，η 是一个控制参数。在本书中，η 设为 4。

基于混沌的局部搜索方法的步骤如下：

Step 1. 令 $h=1$，**Lbest**$_s$=Θ_s。随机生成速度 $V_s = \{v_{s1}, v_{s2}, \cdots, v_{sD}\}$。

Step 2. 运用公式 **Lbest**$_s'$=**Pbest**$_s$+V_s 生成 **Lbest**$_s'$。

Step 3. 计算 $Fit(\textbf{\textit{Lbest}}_s')$。如果 $Fit(\textbf{\textit{Lbest}}_s') > Fit(\textbf{\textit{Lbest}}_s)$，令 **Lbest**$_s$ = **Lbest**$_s'$，在此问题中，适应值函数为：

$$Fit(\Theta_s) = \begin{cases} \dfrac{1}{1+F(\Theta_s)}, & F(\Theta_s) \geq 0 \\ 1+|F(\Theta_s)|, & F(\Theta_s) < 0 \end{cases} \tag{3.35}$$

式中，$F(\Theta_s)$ 表示缺水值的目标函数。

Step 4. 采用混沌技术生成新的速度。

Step 4.1. 通过公式 $cx^h = (V+1)/2$ 确定混沌向量 cx^h；

Step 4.2. 通过公式 $cx^{h+1} = 4cx^h(1-x^h)$ 确定混沌向量 cx^{h+1}；

Step 4.3. 通过公式 $V_s = 2cx^{h+1}-1$ 将混沌向量 cx^{h+1} 转化成为粒子 s 的速

度。

Step 5. 如果 $h > H$，结束步骤；否则令 $h = h + 1$，返回 Step 2。

2）Chaos－based aPSO 整体步骤

基于混沌的自适应粒子群算法的整体步骤如下：

Step 1. 设定自适应粒子群算法的参数：种群规模 S，迭代次数 T，个体最优位置加速常数 c_p，全局最优位置加速常数 c_g，局部最优位置加速常数 c_l，最大惯性权重 ω^{max} 和最小惯性权重 ω^{min}。

Step 2. 随机生成 S 个粒子作为种群。

Step 3. 将所有的约束转化为 $g(x) \leqslant 0$，计算每一个粒子的适应值。

Step 4. 更新 *Pbest*，*Gbest* 和 *Lbest*。

Step 4.1. 更新 *Pbest*：对于 $s = 1, 2, \cdots, S$，如果 $Fit(\Theta_s) > Fit(Pbest_s)$，那么 $Pbest_s = \Theta_s$；

Step 4.2. 更新 *Gbest*：对于 $s = 1, 2, \cdots, S$，如果 $Fit(\Theta_s) > Fit(Gbest)$，那么 $Gbest = \boldsymbol{\Theta}_s$；

Step 4.3. 运用基于混沌的局部搜索方法求 *Lbest*。

Step 5. 解码初始值代入从属层，通过 EBS－based aGA 进行从属层求解。

Step 6. 通过以下步骤更新粒子：

Step 6.1. 通过下面的式子计算自适应惯性权重[35]；

$$\bar{\omega} = \frac{\sum\limits_{s=1}^{S} \sum\limits_{i=1}^{m} |\omega_{si}|}{S \cdot m}$$

$$\omega^* = \begin{cases} \left(1 - \dfrac{1.8\tau}{T}\right)\omega^{max}, & 0 \leqslant \tau \leqslant T/2 \\ \left(0.2 - \dfrac{0.2\tau}{T}\right)\omega^{max}, & T/2 < \tau \leqslant T \end{cases}$$

$$\Delta\omega = \frac{(\omega^* - \bar{\omega})}{\omega^{max}}(\omega^{max} - \omega^{min})$$

$$\omega = \omega + \Delta\omega$$

$$\omega = \omega^{max}, 如果 \omega > \omega^{max}$$

$$\omega = \omega^{min}, 如果 \omega < \omega^{min}$$

其中 i 表示子区域，也是粒子的维度，$i = 1, 2, \cdots, m$；

Step 6.2. 通过式（3.33）计算粒子的速度与位置。

Step 7. 如果满足终止条件，即 $\tau = T$，终止；否则，$\tau = \tau + 1$，返回 Step 2。

3.3.2　EBS-based aGA

由于求解从属层问题对于解的精确性要求高，因此从属层采用遗传算法进行求解。在遗传算法中，选择、变异、交叉遗传操作是影响算法性能的重要因素，下面对求解从属层问题的基于 entropy-Boltzmann 选择的自适应遗传算法（EBS-based aGA）的选择、交叉与变异过程进行详细介绍。

1) Entropy-Boltzmann 选择算子

Boltzmann 选择已经成功地用于各类水资源应用问题当中[79,130,203]，其展示了遗传算法的概念与模拟退火算法中基本的抽样方案的有趣结合[58]。为了保证种群的多样性，entropy-Boltzmann 选择机制[142]应用到了 EBS-based aGA 中。与传统的 Boltzmann 选择中单独使用重要性抽样方法不同，entropy-Boltzmann 选择在蒙特卡洛模拟中同时采用熵抽样[144]和重要性抽样方法[52]，以部分克服过早收敛的问题。熵抽样选择较低的熵的配置来直接进行进化。用这种方法，稀少配置的选择的比率比丰富的配置要高。从而可得，当一个配置陷入局部最优并且堆积了许多相同或相似的配置时，集中在局部最优附近的配置接受的比率受到高度抑制，从而使得系统直接有效地逃离出局部最优[142]。令 $\mathbf{y}_d$ 为解的向量，则一个配置发生的概率是含有熵 $E(\mathbf{y}_d)$ 的 $\mathbf{y}_d$ 具有如下形式：

$$P_{eB}(\mathbf{y}_d) = Ce^{-J(E(\mathbf{y}_d))} \tag{3.36}$$

式中，l 表示配置的个体指标，$P_{eB}(\mathbf{y}_d)$ 是 $\mathbf{y}_d$ 的 entropy-Boltzmann 选择的概率，C 是归一化因子，可表示为 $C = \left(\sum_{\mathbf{y}_d} e^{-J(E(\mathbf{y}_d))}\right)^{-1}$，$J(E(\mathbf{y}_d))$ 可定义为 $J(E(\mathbf{y}_d)) = S(E(\mathbf{y}_d)) + \beta E(\mathbf{y}_d)$，含有能量 $E(\mathbf{y}_d)$ 的系统的熵 $S(E(z_d))$ 可定义为 $S(E(\mathbf{y}_d)) = k\ln\Lambda(E(\mathbf{y}_d))$，其中 $\Lambda(E(\mathbf{y}_d))$ 是含有能量 $E(\mathbf{y}_d)$ 的配置的数量，$\beta = (kT_\tau)^{-1}$，温度 T_τ 和 Boltzmann 常数 k 的倒数，其中 τ 是迭代次数，Boltzmann 常数 k 为了简便设置为 $k=1$。为了获得一个 entropy-Boltzmann 抽样的理想的概率分布，采取 Nicholas Metropolis 等提出的 Metropolis 算法[167]以获得理想概率分布的新的配置。

温度 T_τ 表示算法中选择压力的数值，间接运用它来寻找一个好的解，其更新的形式为 $T_{\tau'+1} = T_{\tau'*\tau}$，其表示第 τ' 代的温度值，初始温度值是最高的（即 T_0）。现在已经有许多关于初始温度常数 T_0 选择的研究[152,170]。然而，要决定 T_0 仍然是很困难的，因为温度取决于不同的问题所采取的策略。一般来说，T_0 与目标函数值在同一数量级，并且可以表示为 $f_0^{\max}$ 和 $f_0^{\min}$ 之间的一个函数[118]，$f_0^{\max}$ 和 $f_0^{\min}$ 分别表示初始种群的目标函数值的最大值和最小值。在这一章中，根据 $f_0^{\max}$ 和 $f_0^{\min}$ 的多个线性组合应用了精心设计的计算试验，最后发现 T_0 可以为 $T_0 = f_0^{\max}$，因为其充分收敛。为了保证充分慢的搜索过程，冷却速率 γ 定为 $\gamma = 0.96$，其接近 1，因此 I 代之后，最后的温度变为 $T_M = \gamma^I T_0$。

相应的适应函数的计算形式为：

$$F(f_\tau'(\mathbf{y}_d)) = e^{-\beta(f_\tau^{\max} - f_\tau'(\mathbf{y}_d))} \tag{3.37}$$

式中，$F(f_\tau'(\mathbf{y}_d))$ 是第 τ 代配置 $\mathbf{y}_d$ 的适应函数；$f_\tau'(\mathbf{y}_d)$ 是第 τ 代配置 $\mathbf{y}_d$ 的目标函数；$f_\tau^{\max}$ 表示第 τ 代目标函数的最大值。

2）分段交叉概率的交叉算子

为了充分地搜索到所有可能的解，染色体根据子区域的个数分成 m 段进行交叉操作，假设每一段的交叉概率分别为 $p_{o_1}^c$，$p_{o_2}^c$，…，$p_{o_m}^c$，称为分段交叉概率。随机数 o_1，o_2，…，o_m 在 $(0, 1)$ 中随机产生，并且有 $o_1 < p_{o_1}^c$，$o_2 < p_{o_2}^c$，…，$o_m < p_{o_m}^c$。假设

$$s^1 = (\mathbf{y}_1^1, \mathbf{y}_2^1, \cdots, \mathbf{y}_m^1), s^2 = (\mathbf{y}_1^2, \mathbf{y}_2^2, \cdots, \mathbf{y}_m^2)$$

是被选择的进行交叉的一对染色体，$s^{1'}$ 和 $s^{2'}$ 是产生的后代（见图 3.3）。具体交叉操作如下：

$$s^{1'} = o_1 \begin{Bmatrix} \mathbf{y}_1^1 \\ 0 \\ 0 \end{Bmatrix} + (1-o_1) \begin{Bmatrix} \mathbf{y}_1^2 \\ 0 \\ 0 \end{Bmatrix} + o_2 \begin{Bmatrix} 0 \\ \mathbf{y}_2^1 \\ 0 \end{Bmatrix} + (1-o_2) \begin{Bmatrix} 0 \\ \mathbf{y}_2^2 \\ 0 \end{Bmatrix} + \cdots +$$

$$o_m \begin{Bmatrix} 0 \\ 0 \\ \mathbf{y}_m^1 \end{Bmatrix} + (1-o_m) \begin{Bmatrix} 0 \\ 0 \\ \mathbf{y}_m^2 \end{Bmatrix} \tag{3.38}$$

$$s^{2'} = (1-o_1) \begin{Bmatrix} \mathbf{y}_1^1 \\ 0 \\ 0 \end{Bmatrix} + o_1 \begin{Bmatrix} \mathbf{y}_1^2 \\ 0 \\ 0 \end{Bmatrix} + (1-o_2) \begin{Bmatrix} 0 \\ \mathbf{y}_2^1 \\ 0 \end{Bmatrix} + o_2 \begin{Bmatrix} 0 \\ \mathbf{y}_2^2 \\ 0 \end{Bmatrix} + \cdots +$$

$$(1-o_m) \begin{Bmatrix} 0 \\ 0 \\ \mathbf{y}_m^1 \end{Bmatrix} + o_m \begin{Bmatrix} 0 \\ 0 \\ \mathbf{y}_m^2 \end{Bmatrix} \tag{3.39}$$

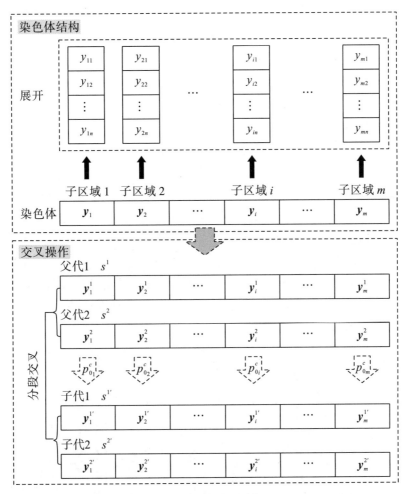

图 3.3　分段交叉过程

3）自适应变异算子

考虑问题中的整个优化过程中固定变异概率会容易导致陷入局部最优并且增加搜索时间，Liu 等提出的自适应变异概率[156]可以提高遗传算法的收敛速度。

变异过程的开始，变异概率 $p_m(\tau')$ 设定为一个比较大的值以促进个体交叉，此时的适应函数比较小。$P_m(\tau')$ 的值慢慢变小以限制个体交叉，当解接近最优值时，提高运行速度并且扩大搜索范围。如果变异概率对种群所有的解都设定为同一个值时，高适应值的解和低适应值的解具有同样的变异水平，很显然会破坏遗传算法的运作。更新变异概率的自适应策略可以表示为：

$$p_m^d(\tau') = \begin{cases} p_{mo}, F(f_{\tau'}(\mathbf{y}_d)) \geqslant F_{\tau'}^a \\ p_{mo}\left\{1 + \exp\left[\eta \dfrac{F_{\tau'}^a - F(f_\tau(\mathbf{y}_d))}{F_{\tau'}^a}\right]\exp(-\tau')\right\} \end{cases} \quad (3.40)$$

式中，$p_m^d(\tau')$ 是第 τ' 代第 d 个个体的变异概率；F_τ^a 是适应值的平均值，p_{mo} 是变异概率的初始值；η 是一个常数。

4）EBS−based aGA 的框架

尽管 EBS−based aGA 的技术过程跟标准的遗传算法粗略近似，但是在个体表示、选择、交叉和变异操作上还是有一些本质的差异的，因此其适合求解区域水资源规划的问题。EBS−based aGA 同时设定了两个停止标准，当这两个标准中的一个满足时，迭代就停止了，这两个停止准则是：①迭代次数达到最大值；②适应值在之前的多个循环当中没有变化。

综上，解决缺水控制区域水资源配置规划问题时，由 Chaos−based aPSO 算法求解主导层问题，而 EBS−based aGA 算法用于求解从属层问题，在整个算法中，EBS−based aGA 算法嵌套在 Chaos−based aPSO 算法中，整个问题的算法流程见图 3.4。

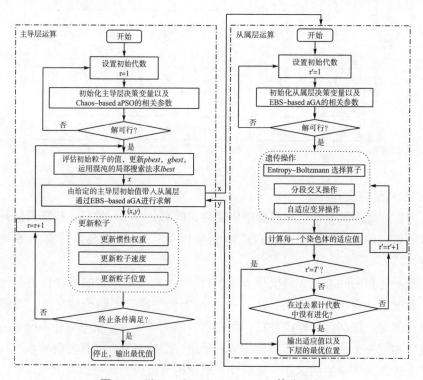

图 3.4　Chaos−based aPSO−eGA **算法流程**

3.4　咸阳市区域水资源配置

下面以中国陕西省咸阳市的水资源分配规划作为实例，以验证之前优化方法的实用性和有效性。首先介绍了案例的基本情况，然后对配置结果进行了分析，最后提出了相应的政策建议。

3.4.1　案例介绍

咸阳市区位于陕西省关中平原中部，介于北纬 $34°14'38''\sim34°29'32''$，东经 $108°31'41''\sim108°57'31''$ 之间，咸阳市的总面积为 526.3 km²，东西横跨 36.65 km，南北纵跨 28.18 km。东边与高陵县相邻，东南与西安市区接壤，坐落在礼泉县、泾阳县的南边，长安县背部，西边与兴平市毗邻。根据咸阳市市区的行政区划，市区划分为秦都区、渭城区两个子区，在此将其分别标注为子区 I 和子区 II。

咸阳市区降雨观测多年的年平均值在 $510\sim560$ mm 之间。根据咸阳水文站的观测数据，可以计算得到咸阳市区多年平均降雨量大约为 553 mm，如果折合为降雨总量，约为 29104.4 万立方米。不同频率的年降雨量可见表 3.1，由表 3.1 可知，咸阳市的年际降雨量变化大。咸阳市降雨的另外一个特点是降雨季节分布不均，降雨量最大的一个季度有可能占到全年总降雨量的 75%，在这种情况下，降雨量过小与过大的季节分别容易造成旱涝灾害。

表 3.1　**咸阳市不同频率年降雨量**（单位：mm）

频率年	丰枯年类别	降雨量	最大年降雨量	最小年降雨量	降雨极值比
20% 频率年	偏丰年	697			
50% 频率年	平水年	537.7	928.4	293.7	3.16
75% 频率年	偏枯年	434.9			
95% 频率年	枯水年	353.7			

咸阳市区跨渭河和泾河，沣河为入境和物流，多年平均径流量为 2.58 亿立方米，沣河上游已建有沣惠渠，年实际引水量为 $0.7\sim0.8$ 亿立方米，地下水年开采量为 $0.6\sim0.8$ 亿立方米。但是沣河下游途经西安，其为西安的水源地之一，近年来西安在沣河年取水量约为 0.53 亿立方米，因此，咸阳市已经不能进一步开发沣河的水资源。渭河干流过境咸阳市区，最后进入西安，在咸阳市区的总流长 37.2 km。据咸阳水文站的监测，渭河多年平均水量为 55.7

亿立方米。由于渭河上游已有宝鸡峡灌区林家村、魏家堡两个引水口，渭河没有直接利用的条件，但是其为地下水补给提供了良好的条件。同时，可以通过宝鸡峡引水用作农业灌溉。因此，咸阳市可分配水资源的主要来源是地下水以及宝鸡峡引水。

根据以上的分析，咸阳市区供水水源主要有：宝鸡峡引水工程（用于农业灌溉）、浅层地下水和深层地下水。这些供水水源的主要供给咸阳市区的各个需水部门，即城镇与农村生活用水部门、工业用水部门、农业用水部门（主要用于灌溉）。现以 2010 年咸阳市水资源配置问题为例，以此来说明区域水资源配置模型的建立以及求解。咸阳市可供水量见表 3.2，而咸阳市各个子区的需求量以及各个部门的最大最小需求量可见表 3.3，各子区域各个部门的单位用水经济效益可见表 3.4，子区域各部门的废水排放系数以及污染因子浓度可见表 3.5，其他水资源配置相关参数可见表 3.6。

表 3.2　咸阳市区可供水量计算表（单位：万立方米）

	水源					
	宝鸡峡引水（仅用于农业灌溉）	小计	浅层水	深层水	小计	合计
全市区	17885	17885	7352	13654	21006	38891

表 3.3　咸阳市区各部门需水情况（单位：万立方米）

用水部门	子区域	
	秦都区（$i=1$）	渭城区（$i=2$）
居民市政用水（$j=1$）	$\tilde{r}_{11}\sim N(\mu_{11}^r,25)$，其中 $\mu_{11}^r=(3460,3476,3501)$	$\tilde{r}_{21}\sim N(\mu_{21}^r,16)$，其中 $\mu_{11}^r=(2800,2837,2868)$
工业用水（$j=2$）	$\tilde{r}_{12}\sim N(\mu_{12}^r,49)$，其中 $\mu_{12}^r=(6681,6735,6798)$	$\tilde{r}_{22}\sim N(\mu_{22}^r,25)$，其中 $\mu_{22}^r=(3139,3180,3227)$
农业用水（$j=3$）	$\tilde{r}_{13}\sim N(\mu_{13}^r,36)$，其中 $\mu_{13}^r=(5802,5853,5897)$	$\tilde{r}_{23}\sim N(\mu_{23}^r,25)$，其中 $\mu_{23}^r=(4769,4818,4875)$
环境用水	$\tilde{g}_1\sim N(\mu_1^g,1)$，其中 $\mu_1^g=(21,23,25)$	$\tilde{g}_2\sim N(\mu_2^g,0.81)$，其中 $\mu_2^g=(16,17,18)$

表 3.4　咸阳市各子区域各用水部门单位用水效益（单位：元/立方米）

用水部门	子区域	
	秦都区（$i=1$）	渭城区（$i=2$）
居民市政用水 （$j=1$）	$\tilde{e}_{11} \sim N(\mu_{11}^{e}, 9)$，其中 $\mu_{11}^{e}=(450, 500, 550)$	$\tilde{e}_{21} \sim N(\mu_{21}^{e}, 4)$，其中 $\mu_{21}^{e}=(425, 475, 525)$
工业用水 （$j=2$）	$\tilde{e}_{12} \sim N(\mu_{12}^{e}, 4)$，其中 $\mu_{12}^{e}=(225, 250, 275)$	$\tilde{e}_{22} \sim N(\mu_{22}^{e}, 1)$，其中 $\mu_{22}^{e}=(220, 240, 260)$
农业用水 （$j=3$）	$\tilde{e}_{13} \sim N(\mu_{13}^{e}, 0.16)$，其中 $\mu_{13}^{e}=(4.5, 5.5, 6.5)$	$\tilde{e}_{23} \sim N(\mu_{23}^{e}, 0.09)$，其中 $\mu_{23}^{e}=(4.0, 5.0, 6.0)$

表 3.5　子区域各部门的废水排放系数以及污染因子浓度（单位：mg/L）

子区域	参数	用水部门		
		居民市政用水 （$j=1$）	工业用水 （$j=2$）	农业用水 （$j=3$）
秦都区 （$i=1$）	废水排放系数	0.7	0.64	0.25
	污染物浓度	300	275	120
渭城区 （$i=2$）	废水排放系数	0.72	0.62	0.3
	污染物浓度	325	250	100

表 3.6　咸阳市配水系统子区域其他相关参数

参数	子区域	
	秦都区（$i=1$）	渭城区（$i=2$）
废水承载能力	20810	12860
供水次序系数	0.4	0.6
最小供水能力	$\tilde{z}_{1}^{\min} \sim N(\mu_{1}^{z, \min}, 0.16)$，其中 $\mu_{1}^{z, \min}=(4.5, 5.5, 6.5)$	$\tilde{z}_{2}^{\min} \sim N(\mu_{2}^{z, \min}, 0.09)$，其中 $\mu_{2}^{z, \min}=(4.0, 5.0, 6.0)$
最大供水能力	$\tilde{z}_{1}^{\max} \sim N(\mu_{1}^{z, \max}, 0.16)$，其中 $\mu_{1}^{z, \max}=(4.5, 5.5, 6.5)$	$\tilde{z}_{2}^{\max} \sim N(\mu_{2}^{z, \max}, 0.09)$，其中 $\mu_{2}^{z, \max}=(4.0, 5.0, 6.0)$

3.4.2　配置结果

通过对随机模糊数据的期望值目标以及机会约束的处理，结合 Chaos-based aPSO-eGA 算法，根据对于参数的多次检验，得到 Chaos-based aPSO 算法与 EBS-based aGA 算法的最优参数设置，见表 3.7。

表 3.7　Chaos－based aPSO－eGA 算法最优参数设置

算法	参数设置	
Chaos－based aPSO 算法	粒子群大小：$S = 30$	
	迭代次数：$T = 150$	
	最大惯性权重：$\omega^{\max} = 1$	
	最小惯性权重：$\omega^{\min} = 0$	
	个体加速常数 $c_p = 0.3$	
	全局加速常数 $c_g = 0.2$	
	局部加速常数 $c_l = 0.15$	
EBS－based aGA 算法	种群大小：$S' = 40$	
	迭代次数：$T' = 200$	
	分段交叉概率：$p_{o1}^c = 0.4$，$p_{o2}^c = 0.5$	
	初始变异概率：$p_{m0} = 0.05$	

　　运行程序 50 次，取其中最优者作为模型数值最优解。可以求得水资源的缺水量目标的运行结果，见表 3.8，并得出主导层的缺水控制目标 $F =$ 1632.0。由表 3.8 中数据可知，咸阳市区的城镇居民生活和环境的需求能够基本得到满足，但是农业用水部门和工业用水部门都较缺水。下面对咸阳市工业用水部门与农业用水部门的缺水原因进行分析。咸阳市区工业缺水程度高主要有以下三个方面的原因：

　　(1) 供水水源单一。由之前的分析可知，咸阳市的路面径流的开发价值已经不大，水资源的来源主要通过开采当地的地下水，而地下水的存储量也非常有限，因此工业需水的供给就明显不足。

　　(2) 耗水量大的工业多。咸阳市具有多个耗水量大的工业，如火电、化工、纺织、食品、造纸等，这些工业的用水定额非常高，因此造成需水量非常高，从而也就拉大了供需缺口。

　　(3) 水利条件的限制大。受咸阳市地理位置、地形条件以及工程设施等条件的限制，有的地表水源工程（如宝鸡峡引水工程）不能向工业用水部门供水。农业部门缺水程度高的原因主要是其用水经济效益不高，因此在水资源缺乏的情况下，虽然其具有宝鸡峡引水工程，子区域在追求经济最大化的过程中，会优先满足能够创造更大经济效益的部门。由运算结果可以看出，咸阳市的缺水情况较为严重，前面已经指出，过境咸阳市的径流大多已经无开发利用价值，因此，如何提高水资源利用效率是摆在区域水资源管理局面前的一大重要课题。

表 3.8　区域水资源合理配置结果（单位：万立方米）

子区域	配水量	环境用水	总缺水量	用水部门			经济效益
				居民市政用水（—缺水量）	工业用水（—缺水量）	农业用水（—缺水量）	
秦都区	10291.8	23	2206.1	3476.3（0）	5394.7（—1342.6）	4887.8（—863.5）	3113708
渭城区	8139.7	17	1249.3	2835.2（0）	2607.7（—573.8）	4044.5（—675.5）	1992791
合计	18451.5	40	3455.4	6311.5	8002.4	8932.3	5106498

3.4.3　算法比较

在以上的研究中，为了求解缺水控制区域水资源配置一主多从对策模型，建立了一个粒子群算法求解主导层决策以及遗传算法求解从属层决策的混合智能算法。为测试算法有效性，下面将对建议算法进行比较分析。

针对求解主导层的 Chaos−based aPSO，为了验证其有效性以及优越性，将其与基本的粒子群算法（Basic PSO）以及最简单的自适应粒子群算法（aPSO）进行比较。为了比较的公平性，首先保证从属层处理方法相同，并且供水系数仍然定为 $\rho_1 = 0.4, \rho_2 = 0.6$，将它们的收敛曲线绘制如图 3.5 所示。根据图 3.5 可以看出，相比 Basic PSO 算法，建议的 Chaos−based aPSO 算法获得更好的结果，说明 Basic PSO 算法容易陷入局部最优的情况；而与 aPSO 算法进行比较可知，建议的 Chaos−based aPSO 算法拥有更快的收敛速度，造成此种情况的原因是 Chaos−based aPSO 算法在寻找解的过程中，对于解的搜索范围较 aPSO 大，因此其能更快地寻找到最优解。

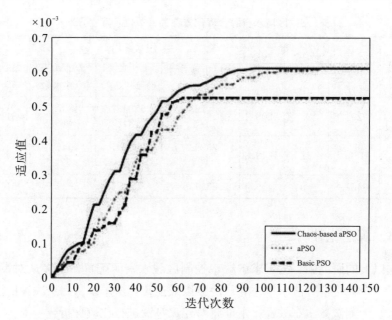

图 3.5　Chaos－based aPSO，aPSO 与 Basic PSO 的比较

　　此外，在此问题中，求解从属层决策的方法是 EBS－based aGA 算法，这是因为考虑到遗传算法较其他方法找到模型最优解的可能性更高。因此，针对本章提出的主从对策问题，求解算法是一个 PSO－GA 嵌套算法。其中，PSO 处理主导层模型，GA 处理从属层模型。为了论证该嵌套的有效性，对其他 3 种嵌套算法进行了相应的测试，这 3 种嵌套算法分别为 PSO－PSO 嵌套算法、GA－GA 嵌套算法、GA－PSO 嵌套算法。将每个嵌套算法运行 50 次，比较结果如表 3.9 所示。结果显示：PSO－GA 的嵌套算法与 PSO－PSO 嵌套算法、GA－PSO 嵌套算法相比，能够获得更优的结果；与 GA－GA 嵌套算法相比，PSO－GA 嵌套算法计算速度更快。因此，建议的由粒子群算法求解主导层决策与遗传算法求解从属层决策组成的嵌套算法，能够有效地求解一主多从区域水资源配置问题。

表 3.9　4 种嵌套算法比较结果

嵌套算法	PSO－GA	PSO－PSO	GA－PSO	GA－GA
最优值	1632	1719.2	1689.5	1625.4
平均值	1697.3	1758.9	1724.6	1675.8
CPU 运行时间	4.58	3.15	6.38	15.89

3.4.4 政策建议

咸阳市的水资源现状不容乐观，缺水情况非常严重。根据水资源合理配置方案以及对配置的分析可知，要想实现咸阳市水资源的可持续利用，需要采取相应措施，不能单纯依靠水资源的配置，如果没有各项政策措施的制定，在水资源需求逐步增加的情况下，水资源缺口将会日趋增加。下面从宏观管理手段、市场调控手段以及节约用水措施等方面说明实现咸阳市水资源可持续利用需要做的工作。

1) 宏观管理手段

根据我国水资源分配特点，区域水资源管理局在整个区域水资源分配当中占主导的作用，其可以通过行使行政手段，更加合理地调配工业、农业、生活以及生态环境用水，调节各子地区以及各用水部门之间的用水关系。同时，其可以通过修改区域水资源管理方面的各项制度，促进水资源的合理开发，寻找新的开发方法，减少缺水时期的用水压力，减少缺水缺口，以保证咸阳市区的水资源的可持续开发和利用。

2) 市场调控手段

根据以往的研究表明，建立水资源市场，即建立水权的分配以及转让的方式，可以更加有效地促进水资源的优化配置。由于各个用水单位可以将多余的水资源用于市场上进行交易和转让，其可以获得收益，同时缺水的单位可以通过在水市场上购入水资源，其缺水造成的损失就会减小。因此，利用水市场进行调控，可以使水的利用更加合理化，水资源的利用方向不再单纯地从上层往下层走，而是能够在下层之间进行交互，从而增加了水资源能够创造的经济效益。由于多余的水权能够进行交易，因此能够有效地避免水资源的浪费，水资源的利用模式就从粗放型往节约型转变，从而能够有效地提高水的利用效率。

3) 节约用水措施

水资源供需缺口的减小除了增加水资源的供给之外，还可以通过减少水资源的消费等措施，其中一个重要方面就是采取节约用水的措施。节约用水是实施可持续发展战略的重要措施，咸阳市属于资源型缺水，供需矛盾非常严峻，水资源的利用包括开源与节流，而咸阳市因其自身地理位置的原因，开源的潜力有限，因此，应该采取节流为主、治污为本的措施，创建节水型城市，实施可持续发展。节约用水是我国的一项基本国策，因此在各个用水部门，应该有效贯彻国家提出的节水方针，厉行节约用水。在各个用水部门普及相应的节水技术，建立节水型工业、节水型农业以及节水型居民生活模式。创造节水型工业的主要措施有：进行工业结构调整，更加合理地安排工业生产的顺序，提高工艺和生产设备水平，对工业废水进行处理，能够选择性地变废水为可用水，增加可利用的水资源。建立节水型农业的主要措施有：由于农业用水的输水路径一般都比较长，在输水过程中容易造成水资源的损失，因此可以改善输水的路径，减少输水损失率；灌溉技术不采用粗放式的倒水灌溉，而是采用喷灌以及滴灌式灌溉技术，使得灌溉更均匀、更加有效，减少浪费。建立节水型居民生活模式的主要措施有：增加居民节约用水意识，努力研发和推广各种节约用水器械，使用中水而不是能直接饮用的水进行园林绿化、厕所冲洗等。

3.5　小结

本章以社会效益作为主要考虑目标，建立基于缺水控制的区域水资源配置问题的一主多从对策模型，模型的主导层是区域水资源管理局，其通过对公共水源的分配以实现整个流域缺水量最小的目标。从属层以多个子区域水管理者为决策者，在考虑各自子区域生态维持的基础上，通过对工业、农业、居民市政用水部门的水资源分配来实现最大化自身经济效益的目的，同时将单位用水效益、水源供水能力以及水需求考虑为随机模糊变量，由此建立了带有随机模糊期望值目标与机会约束的区域水资源配置一主多从对策模型，在总结此类一般模型的基础上，将不确定模型转化为可计算、可求解的确定型模型，然后设计了一个基于混沌的自适应粒子群最优与基于熵-铂尔曼的自适应遗传算法相交互的混合进化算法对转化后的模型进行求解，最后，运用陕西省咸阳市的水资源分配实例，验证了模型以及算法的实用性和有效性。

第4章　供需分析一主多从对策模型及应用

由于水资源空间和季节分配不均[180]，在一个流域范围内总是存在着区域水管理局与子区域水管理者之间的交互。水资源分配的有效性与可持续性往往背道而驰，因为虽然在不考虑生态环境用水的情况下，会破坏水资源配置的可持续性，但是其他能产生经济效益的部门可以获得更多的水资源，水资源配置的有效性提高，并且要保证水资源利用的有效性和可持续性往往会导致区域水管理局与子区域两层决策者之间的矛盾。Rogers 和 Louis[189]指出水资源系统具有各种各样的活动和目标，并且具有复杂的供需矛盾。这个问题同时给了区域水管理局与子区域水管理者压力，因为这些矛盾和非有效的管理对流域的经济发展与环境保护具有很大的限制。因此，通过公平有效的水资源分配是应对水危机、提高水管理的一个重要举措，特别是在非常缺水的时候。因此，考虑设计一个用户友好的水资源分配模型，该模型根据不同的水供需情景环境，采用不同的原则，包括基于公平性原则与优先、压力和经济效益原则。该模型可以归纳为一个一主多从对策模型，主导层决策旨在最小化水分配中不同子区域的基尼系数，从属层决策旨在最大化子区域中用水部门的总的经济效益。除此以外，实际的区域水资源配置过程面临着复杂的不确定环境，水利工程建设技术提高、设备更新以及气候的变化都会造成水传输过程中参数的不确定性，并且这些不确定性很难用简单的随机变量或者模糊变量进行描述，因此引入了模糊随机变量对复杂的不确定参数进行描述，至于模糊随机变量的考虑动机将在下面进行详细描述。由此，建立了一个带有模糊随机系数的一主多从对策模型，由于人工蜂群算法在求解主从对策规划方法具有其优越性，因此采用一种改进的人工蜂群算法（IABC）对转化的模型进行求解。基于供需关系的区域水资源优化分配的分析和描述、数学模型、不确定性和求解算法都还有很多值得深入探讨的地方，在这几个方面都将进行有益的尝试。

4.1　问题陈述

对于一个区域的水资源配置模型系统，设计中关注的是总供水量不足的情况下，有限的水资源应该通过区域的管理者最优地分配给每个子区域，然后再由子区域的水资源管理者分配给不同的用水部门。一个不同的水资源分配决策者的概念框架如图 4.1 所示，它展示了一种在需求超过了可用的水的情况下，能够克服不同子区域和不同用水部门之间矛盾的可能的机制。这种机制包含了在子区域间进行水资源最优化分配的总的水资源配置模型，目标在于最大限度地实现水分配的均等化，从而平衡子区域水供需之间的矛盾，同时以水分配的基尼系数作为目标函数。

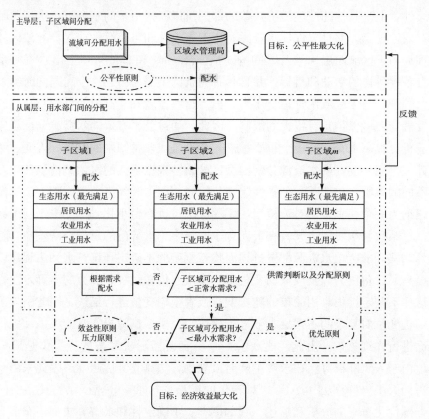

图 4.1　不同水供需状况的区域水资源分配概念框架

对于一个基于水分配的概念框架的区域系统，一般来说，区域管理局被赋予了以下职责：①在雨季保证流域安全，抵抗洪水；②保证所有子区域不同部分的水供应；③协调不同用户之间在水方面的发展和协作，以解决子区域间不同用水部门的冲突；④保持生态的可持续进程。

为了实现这些目标，水量分配量不直接由区域管理机构决定，因为每个子区域的水管理者是一个独立的决策者。区域水管理局为了促进区域平等合作将根据分配计划机制将水资源分配给各个子区域，然后，子区域管理者在获得这些水资源之后，会基于水的使用情况将水分配给不同的用水部门以获得有效的水利用。同时，子区域需要为取水支付报酬，而不是免费获取。因此，区域水管理局通过调节初始水权来影响每个子地区水资源管理者的决策，而每个子区域水资源管理者在区域水管理局决策的基础上，通过做出理性的取水决策来实现其个体经济利益的最大化。一般来说，区域水资源主要用于工业用水、生活用水、生态用水和农业用水。

在这种情况下，区域水管理局是上级，子区域水资源管理者是下属，尽管他们是相对独立的决策者。因此，区域水分配可以被抽象为一个一主多从对策问题，主导层规划是主要的水分配，是由处于主导层的区域水管理局（主导者），其在等价原则的基础上将初始水权分配给各个子区域。从属层决策者是子区域的水资源管理者（从属者），他们将决定取水量来实现最大的经济效益。存在于两个决策层中的"主导者—从属者"行为是一个斯坦伯格博弈，处于区域水管理局和子区域水资源管理者之间的冲突最终会以主导层决策层的斯坦贝格—纳什均衡而结束。子区域水资源管理者作为独立的决策者，有着使本地区经济效益最大化的动机。斯坦贝格—纳什均衡反映了区域水管理局和子区域水资源管理者之间的决策冲突的权衡。

基本地，主导层与从属层的每一个决策者能够完全获知所有的目标函数与内在约束条件。每一个子区域水管理者都具有理性行为能力，对于每一个子区域，定义了两种不同的需求形式：最大以及最小需求。如果区域可用水超过了最大的需求量，每一个子区域的最大需求量能够得到满足；如果区域可用水少于最小的需求量，本章中建立的模型主要在优先原则下考虑最优的水资源分配决策；如果区域可用水介于最大水需求量与最小水需求量之间，将采用效益性原则和压力原则对水资源进行分配。在建模过程中，将一些特殊部门的用水需求，如居民市政用水以及农业用水，考虑为约束条件。

4.2 模型架构

基于供需分析的区域水资源配置问题的数学模型建立之前，首先对基本假定、符号以及模糊随机变量考虑动机进行详细介绍。

1）基本假设

根据区域水分配情况做出以下的假设：

（1）所有用于分配的可利用的水资源均来自一个流域。

（2）位于主导层的区域水资源管理局和位于从属层的子区域水资源管理者会合作做出理性决策来避免不满意的解。

（3）从水源至子区域的调水损失率考虑为模糊随机变量，其参数由历史数据以及专业经验通过数据分析方法确定。

2）变量定义

在基于供需分析的区域水资源分配问题中的变量定义解释如下：

（1）指标。

i：子区域，$i=1, 2, \cdots, m$；

j：子区域的用水部门，$j=1, 2, \cdots, n$。

（2）参数。

Q：总可利用水量；

e_{ij}：子区域 i 的用水部门 j 的经济收益；

Me_{ij}：子区域 i 的用水部门 j 的边际经济的效率提升；

V_i：子区域 i 的经济收益；

q_i：其他的水资源，如子区域 i 的地下水和降水；

$z_i^{\min}$：水源与子区域 i 之间物理连接的最小容量；

$z_i^{\max}$：水源与子区域 i 之间物理连接的最大容量；

$s_i^{\max}$：子区域 i 的最大容量。

$d_{ij}^{\min}$：子区域 i 的用水部门 j 的最小用水需求；

$d_{ij}^{\max}$：子区域 i 的用水部门 j 的最大用水需求；

$Ed_i^{\min}$：子区域 i 的最小生态用水需求。

（3）模糊随机参数。

$\tilde{\tilde{\alpha}}_i^{loss}$：从水源到子区域 i 调水的损失率。

（4）决策变量。

x_i：分配给子区域 i 的水量；

y_{ij}：分配给子区域 i 中用水部门 j 的水量。

3）模糊随机变量的考虑动机及转化

（1）考虑动机。

之前的水资源分配问题往往将调水损失率考虑为确定性的，然而这与现实不符。由于水资源分配系统的复杂性以及调水技术的进步与设备的更新，调水损失率并不能完全根据历史数据进行判断。因此在这些情况下，调水损失率会随着判断的不确定、证据的缺乏、信息的不足以及区域水资源系统的动态变化而波动。有时，水资源管理者很难对调水损失率给予一个准确的描述，只能根据历史的数据以及经济发展的需要对参数进行估计，在这种情况下，采用模糊变量来描述参数是合理的研究方向。例如，给定调水损失率的最小值、最有可能值和最大值，即 $\alpha_i^{loss,L}$，$\alpha_i^{loss,M}$，$\alpha_i^{loss,R}$。因此，调水损失率可以通过三角模糊数进行描述，但是由于这是一个对未来的决策问题，对参数进行调查和估计比完全依靠个人给定的值更加合理，因此可以同时咨询多个相关专家，专家代码由 $e(e=1,2,\cdots,E)$ 表示。根据其经验，他们可以首先对水需求进行模糊判断，给定一个区间（即 $[\alpha_i^{loss,L,e},\alpha_i^{loss,R,e}]$），并指定一个最优可能的值（即 $\alpha_i^{loss,M,e}$）。因为不同专家对于参数具有不同的判断，所有最小值 $\alpha_i^{loss,L,e}$（$e=1$，2，$\cdots$，E）和所有 $\alpha_i^{loss,R,e}$（$e=1$，2，$\cdots$，E）的最大值分别选定为模糊随机调水损失率的左边界（即 $\alpha_i^{loss,L}$）和右边界（即 $\alpha_i^{loss,R}$），最大可能值（即 $\alpha_i^{loss,M,e}$，$e=1$，2，$\cdots$，E）的波动可以通过随机分布来描述其特征，通过对比分析，最有可能值可以考虑为一个随机变量 $\alpha_i^{loss,M}$，其近似服从正态分布 $[$即 $N(\mu_i,\sigma_i^2)]$，其可以通过最大似然估计和卡方拟合优度检验获得。在这种情况下，可以采用三角模糊随机变量（$\alpha_i^{loss,L}$，$\alpha_i^{loss,M}$，$\alpha_i^{loss,R}$），其中 $\alpha_i^{loss,M} \sim N(\mu_i,\sigma_i^2)$ 来描述这些同时含有模糊性和随机性的参数。因此，水需求可以考虑为模糊随机变量（见图 4.2）。

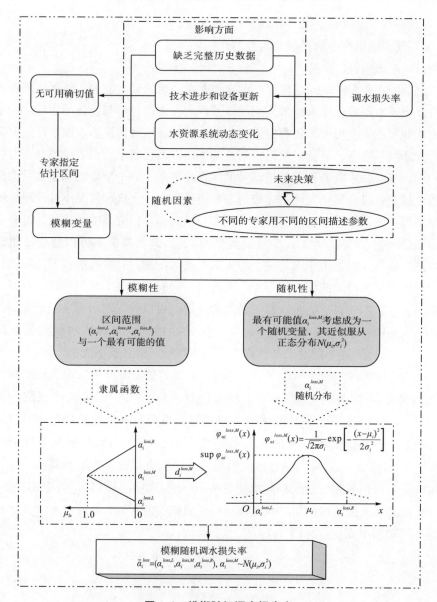

图 4.2　模糊随机调水损失率

（2）转化过程。

一般地，讨论的模糊随机变量可以表示为 $\widetilde{\overline{\xi}} = ([m]_L, \rho(\omega), [m]_R)$。从前面可知，$\rho(\omega)$ 服从近似正态分布 $N(\mu_0, \sigma_0^2)$，其概率密度函数为 $\varphi_\rho(x)$，因此 $\varphi_\rho(x)$ 可以表示为 $\varphi_\rho(x) = \dfrac{1}{\sqrt{2\pi}\sigma_0 x} \exp\left(-\dfrac{(x-\mu_0)^2}{2\sigma_0^2}\right)$。假设 σ 是一个

给定的随机变量的概率水平并且有 $\sigma \in [0, \sup\varphi_\rho(x)]$，$r$ 是一个给定的模糊变量的概率水平并且有 $r \in [r_l, 1]$，其中 $r_l = \dfrac{[m]_R - [m]_L}{[m]_R - [m]_L + \rho_\sigma^R - \rho_\sigma^L}$，它们都反映决策者的置信度。为了更加简洁地表达，$\sigma$ 和 r 分别称为概率水平和可能性水平。转化方法如下：

Step 1. 运用统计方法根据历史数据和专业经验估计参数 $[m]_R$，$[m]_L$，μ_0，σ_0。

Step 2. 获得决策者的置信度，即概率水平 $\sigma \in [0, \sup\varphi_\rho(x)]$ 和可能性水平 $r \in [r_l, 1]$，其中 $r_l = \dfrac{[m]_R - [m]_L}{[m]_R - [m]_L + \rho_\sigma^R - \rho_\sigma^L}$，这个通常使用群决策的方法获得。

Step 3. 令 ρ_σ 为随机变量 $\rho(\omega)$ 的 σ－截集，也就是说，$\rho_\sigma = [\rho_\sigma^L, \rho_\sigma^R] = \{x \in , R \mid \varphi_\rho(x) \geqslant \sigma\}$，$\rho_\sigma^L$ 和 ρ_σ^R 的值即可表示为：

$$\rho_\sigma^L = \inf\{x \in R \mid \varphi_\rho(x) \geqslant \sigma\} = \inf\varphi_\rho^{-1}(\sigma)$$
$$= \mu_0 - \sqrt{-2\sigma_0^2\ln(\sqrt{2\pi}\sigma_0\sigma)} \tag{4.1}$$
$$\rho_\sigma^R = \sup\{x \in R \mid \varphi_\rho(x) \geqslant \sigma\} = \sup\varphi_\rho^{-1}(\sigma)$$
$$= \mu_0 + \sqrt{-2\sigma_0^2\ln(\sqrt{2\pi}\sigma_0\sigma)} \tag{4.2}$$

Step 4. 将模糊随机变量 $\widetilde{\tilde{\xi}} = ([m]_L, \rho(\omega), [m]_R)$ 转化成为 (r, σ)－水平的梯形模糊数 $\widetilde{\omega}_{\widetilde{\tilde{\xi}}(r,\sigma)}$，其运算式子为 $\widetilde{\tilde{\xi}} \to \widetilde{\omega}_{\widetilde{\tilde{\xi}}(r,\sigma)} = ([m]_L, \underline{m}, \bar{m}, [m]_R)$，

$$\underline{m} = [m]_R - r([m]_R - \rho_\sigma^L)$$
$$= [m]_R - r\left[[m]_R - \mu_0 + \sqrt{-2\sigma_0^2\ln(\sqrt{2\pi}\sigma_0\sigma)}\right] \tag{4.3}$$
$$\bar{m} = [m]_L - r([m]_L - \rho_\sigma^R)$$
$$= [m]_L - r\left[\mu_0 - [m]_L + \sqrt{-2\sigma_0^2\ln(\sqrt{2\pi}\sigma_0\sigma)}\right] \tag{4.4}$$

$\widetilde{\tilde{\xi}}$ 可以转化为 $\widetilde{\omega}_{\widetilde{\tilde{\xi}}} = ([m]_L, \underline{m}, \bar{m}, [m]_R)$，其隶属函数为：

$$\mu_{\widetilde{\omega}_{\widetilde{\tilde{\xi}}}} = \begin{cases} 0, & \text{其中 } x < [m]_L \text{ 或 } x > [m]_R \\ \dfrac{[m]_R - x}{[m]_R - \bar{m}}, & \text{其中 } \bar{m} < x < [m]_R \\ 1, & \text{其中 } \underline{m} < x < \bar{m} \\ \dfrac{x - [m]_L}{\underline{m} - [m]_L}, & \text{其中 } [m]_L < x < \underline{m} \end{cases} \tag{4.5}$$

模糊随机变量 $\widetilde{\tilde{\xi}}$ 转化为 (r, σ)－水平的梯形模糊数 $\widetilde{\omega}_{\widetilde{\tilde{\xi}}(r,\sigma)}$ 的转化过程见图

4.3。从图 4.3 中可以看出，为了符合实际情况，可能性水平 r 必须满足 $r = \left[\dfrac{[m]_R - [m]_L}{[m]_R - [m]_L + \rho_\sigma^R - \rho_\sigma^L}, 1\right]$，决策者可以根据实际情况选择 r 的值。如果可能性水平 r 增加，(r, σ)−水平梯形模糊数中 $\underline{m}$ 和 $\bar{m}$ 的距离会增加，这就意味着决策者对实际数据的准确性持相对悲观的态度；相反，如果可能性水平 r 减小，(r, σ)−水平梯形模糊数中 $\underline{m}$ 和 $\bar{m}$ 的距离会减小，这就意味着决策者对实际数据的准确性持相对乐观的态度。

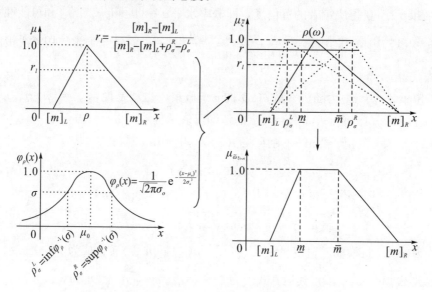

图 4.3　将模糊随机变量 $\tilde{\tilde{\xi}}$ 转化成梯形模糊数 $\tilde{\omega}_{\tilde{\tilde{\xi}}(r,\sigma)}$

令 $\tilde{\tilde{\alpha}}_i^{loss}$ 为调水损失率的模糊随机变量。根据上面的方法，$\tilde{\tilde{\alpha}}_i^{loss}$ 可以转化为 (r, σ)−水平的梯形模糊数如下：

$$\tilde{\tilde{\alpha}}_i^{loss} \to \tilde{\omega}_{\tilde{\tilde{\alpha}}_i^{loss}(r_i,\sigma_i)} = \left([\alpha_i^{loss}]_L, \underline{\alpha}_i^{loss}, \bar{\alpha}_i^{loss}, [\alpha_i^{loss}]_R\right), \forall i \in \Psi, k \in \Phi \quad (4.6)$$

由此，模糊随机调水损失率可以转化为 (r, σ)−水平的梯形模糊数。然而，要处理含有模糊数的问题仍然比较困难，因为无法直接获得最优解。因此引入期望值算子[110]，处理梯形模糊数的期望值算子可以用来将此不确定模型转化为确定性模型。令 $\tilde{N} = (a, b, c, d)$ 表示一个梯形模糊数，函数 $f_{\tilde{N}}(x)$ 和 $g_{\tilde{N}}(x)$ 分别表示梯形模糊数 $\tilde{N}$ 的左侧和右侧函数，其中 $f_{\tilde{N}}(x)$ 是一个增函数，$g_{\tilde{N}}(x)$ 是一个减函数。模糊数 $\tilde{N}$ 的期望值可以表示为：

$$E(\tilde{N}) = \frac{1}{2}\left[\left(b - \int_a^b f_{\tilde{N}}(x)\,\mathrm{d}x\right) + \left(\bar{\alpha}_i^{loss} - \int_{\underline{\alpha}_i^{loss}}^d g_{\tilde{N}}(x)\,\mathrm{d}x\right)\right] \quad (4.7)$$

由此 (r,σ) −水平的梯形模糊数 $\widetilde{\omega}_{\widetilde{\alpha}_i^{loss}(r_i,\sigma_i)}$ 可以转化为：

$$E(\widetilde{\omega}_{\widetilde{\alpha}_i^{loss}(r_i,\sigma_i)}) = \frac{1}{2}\left[\left(\underline{\alpha}_i^{loss} - \int_{[\widetilde{\alpha}_i^{loss}]_L}^{\underline{\alpha}_i^{loss}} f_{\widetilde{\omega}_{\widetilde{\alpha}_i^{loss}(r_i,\sigma_i)}}(x)\mathrm{d}x\right) + \right.$$

$$\left.\left(c - \int_c^{[\overline{\alpha}_i^{loss}]_R} g_{\widetilde{\omega}_{\widetilde{\alpha}_i^{loss}(r_i,\sigma_i)}}(x)\mathrm{d}x\right)\right]$$

4.2.1　各个区域间水资源配置

考虑到水资源的最小和一般需求，在给定的水供给下，区域水管理局将通过最大化地实现均等来将水资源最优地分配给各个子区域。

1）公平性最大化目标

为了保证主导层各个子区域的均衡发展，区域水管理局需要在水分配上考虑公平。公平是一个模糊的概念，其根据不同的衡量指标（机会、需求、收入、利用）具有不同的含义。所有与平均值有关的收入比较的衡量方法都是比较武断的。基尼系数是最常见的衡量分布的指标之一，其长久以来应用在衡量收入不平等方面，但同样也适用于衡量土地分配以及水资源使用不公平等方面[214]。然而，它还未被应用于主从对策机制下的水分配不公平问题。基尼系数是通过计算无序的规模数据而获得的"相对均差"，比如，每一个可能的个体 z_i 和 z_j 之间的均差，除以平均尺寸 $\overline{z}$。

$$Gini = \frac{1}{2N^2\overline{z}}\sum_{i=1}^{N}\sum_{i=1}^{N}|z_i - z_j| \tag{4.8}$$

这里，N 是个体的总数量。

利用劳伦茨曲线（见图 4.4），基尼系数定义为在对角线和劳伦茨曲线和对角线之下的整个三角形的面积之间的面积的比例。前人做了很多的尝试去获取精确估计，但是没有一种方法是确定为最优的。这种梯形规则可以说是相对简单的，因其在劳伦茨曲线下获得了一个正偏置，同时对基尼系数产生了一个负偏压[90, 104]。

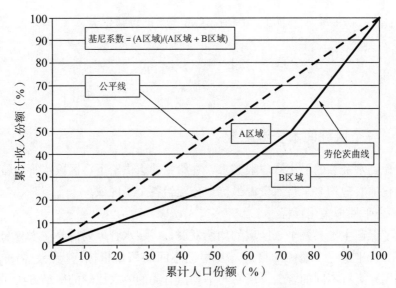

图 4.4　劳伦茨曲线和基尼系数的图例

对于基尼系数在计算水资源的总分配的技术路线来说，每个子区域的水分配作为最初始的状态，经济效益作为主要的目标。相称的水分配基尼系数与水分配量和劳伦茨曲线的图形相对应。给定子区域经济收益和水分配的累计百分比，基尼系数可以通过式（4.9）计算得出。

$$G = \frac{1}{2m\sum_{i=1}^{m}\dfrac{x_i}{e_i}}\sum_{i=1}^{m}\sum_{j=1}^{n}\left|\frac{x_i}{e_{i\,i}}-\frac{x_j}{e_j}\right| \tag{4.9}$$

式中，G 是水分配的基尼系数；e_i 是子区域 i 的经济收益；x_i/e_i 是子区域 i 每单位经济收益所分配的水量。

2）约束条件

在子区域间的水分配优化模型中，存在可利用水资源约束和技术约束两种约束。

（1）可利用水资源约束。

对于整个区域，可以通过技术分析来预测每年整个区域的可利用的水资源量。在可利用的水资源条件下可以设计分配计划，这也意味着总的分配量不能超过源头的可利用资源。

$$\sum_{i=1}^{m}x_i \leqslant Q \tag{4.10}$$

基本上，在式（4.10）中，最小的经济收益和区域环境水需求的输入/输出必须首先得到满足。因此，一个严格的不等式意味着剩余的水资源能够被分配用以保证主河流的生态用途。

除此之外，公共水资源分配给子区域 i 的水量 x_i 会在水调运过程中发生损失，在除去这部分损失之后，加上其他独立水源能够提供给子区域 i 的水量 q_i，需要满足子区域 i 一些特殊用水部门的基本水需求，从而可以得到如下约束条件：

$$(1 - E[\widetilde{\omega}_{\widetilde{a}_i^{loss}(r_i,\sigma_i)}])x_i + q_i \geqslant \sum_{k=1}^{TS} d_{ik}^{\min}, \forall i \qquad (4.11)$$

式中，TS 是这些需要被满足的特殊用水部门的总数量。

（2）技术约束。

水源和目的地之间的通道的最大和最小承载量，以及通道的寿命应该一开始就考虑到。从源头到目的地 i 的水量必须位于通道最小和最大承载量之间。

$$z_i^{\min} \leqslant x_i \leqslant z_i^{\max}, \forall i \qquad (4.12)$$

显而易见，子区域 i 分配的水资源和其他水资源 q_i（比如自己提供的水、地下水、降水、降雨等）的总和不能超过最大的存储容量（$s_i^{\max}$）。

$$(1 - E[\widetilde{\omega}_{\widetilde{a}_i^{loss}(r_i,\sigma_i)}])x_i + q_i \geqslant s_i^{\max}, \forall i \qquad (4.13)$$

4.2.2　各个部门间水资源配置

由区域水管理局分配给各个子区域的水资源被储存在子区域的水库中。水资源的供应是当地发展的关键因素，因此，每一个子区域都需要在经济原则的基础上将水资源最优地分配给不同的部门，包括市政、工业和农业部门等。

1）目标方程——经济效益的最大化

子区域根据经济效益最大化的目标将水资源分配给不同的用水部门。到目前为止，已经有很多的方法被用于估计农业、生活、工业的经济效益[78,171]。生活用水包括居住用途、饮用、旅游使用、市政服务等；工业用水主要提供给化工、食品、造纸、机械制造、建设行业等；农业用水包括灌溉用水、牲畜、渔业和森林用水等。所有的用水部门都可以建立边际净效益函数。

农业灌溉用水的经济净收益可以用剩余法来计算[78]。在生活部门用水的经济收益可以用大量的实证研究来建立需求函数求得[76,78,105]。然而，这些参数的估计需要许多管理者的主观判断。为了使不同用水部门的单位经济效益更合理、更有效，采用时间序列分析来估计经济效益。

$$e_{ij}(y_{ij}) = Me_{ij} \cdot y_{ij}, \forall i, j \qquad (4.14)$$

边际经济效益 Me_{ij} 可以根据历史数据通过移动平均法预测。显而易见，水量的经济收益价值是一个关于分配的水与稀缺的水的方程，边际经济效益是常数，也是关于水量的一个方程。

经济效益的最大化被定义为总经济值（水分配量和部门的边际经济效益的乘积之和）和可达到的最大总的经济收益价值（总的可获得的水资源和单个部门最大经济收益的乘积）的比值，其可以表示为：

$$V_i = \left[\frac{\sum_{j=1}^{n} Me_{ij} \cdot y_{ij}}{Me_i((1 - E[\widetilde{\omega}_{\widetilde{a}_i^{loss}(r_i, \sigma_i)}])x_i + q_i)} \right] \tag{4.15}$$

式中，V_i 是子区域 i 的经济收益的最大化的目标方程，Me_{ij} 是子区域 i 用水部门 j 的单位水资源的边际经济效益（$US\$ /m^3$），$Me_{imax}$ 是子区域 i 拥有最大边际值的部门的经济效益（$US\$ /m^3$）。

2）约束条件

在子区域间的水分配优化模型中，存在可利用水资源约束和生态水需求约束两种约束。

（1）可利用水资源约束。

子区域 i 分配给不同部门的水资源不可以超过其分配到的水资源和其他水资源（地下水、降水）q_i 的总和，因此可以得到如下约束条件：

$$\sum_{j=1}^{n} y_{ij} \leqslant (1 - E[\widetilde{\omega}_{\widetilde{a}_i^{loss}(r_i, \sigma_i)}])x_i + q_i \tag{4.16}$$

显而易见，分配给各个部门的水资源应该在最小和最大需求之间，因此具有如下的约束条件：

$$d_{ij}^{\min} \leqslant y_{ij} \leqslant d_{ij}^{\max} \tag{4.17}$$

（2）生态水需求约束。

分配给各个子区域的生态用水不能直接带来经济效益，但是必须保证维持生态进程和植物、动物的集群所需要的水量，由此可以得到以下约束：

$$(1 - E[\widetilde{\omega}_{\widetilde{a}_i^{loss}(r_i, \sigma_i)}])x_i + q_i - \sum_{j=1}^{n} y_{ij} \geqslant Ed_i^{\min} \tag{4.18}$$

式中，$Ed_i^{\min}$ 是经济水的最小需求。

4.2.3 供需分析全局配水模型

在一个区域范围内，区域水管理局提供上流的水流给子区域。在生态水需求的约束下，子区域管理者需要把水分配给三个用水部门，包括农业用水部门、工业用水部门和居民市政用水部门。为了满足不同用水部门的需求，子区域管理者根据区域水管理局的分配决策，寻找充足的水分配决策来实现经济效益的最大化。作为主导层决策者，区域水管理局需要保证水分配在子区域间的公平性。因此主导层和从属层决策者之间相互冲突。综合上面的约束和目标方程，可以得出一个区域范围内的水分配优化模型如下：

$$\min_x G == \frac{1}{2m\sum\limits_{i=1}^{m}\dfrac{x_i}{e_i}}\sum_{i=1}^{m}\sum_{j=1}^{n}\left|\frac{x_i}{e_{ii}}-\frac{x_j}{e_j}\right|$$

$$\text{s. t.}\begin{cases}\sum\limits_{i=1}^{m}x_i\leqslant Q\\[2mm](1-E[\widetilde{\omega}_{\widetilde{\alpha}_i^{\,loss}(r_i,\sigma_i)}])x_i+q_i\geqslant\sum\limits_{k=1}^{TS}d_{ik}^{\min},\forall i\\[2mm]z_i^{\min}\leqslant x_i\leqslant z_i^{\max},\forall i\\[2mm](1-E[\widetilde{\omega}_{\widetilde{\alpha}_i^{\,loss}(r_i,\sigma_i)}])x_i+q_i\geqslant s_i^{\max},\forall i\\[2mm]\max\limits_y V_i=\left[\dfrac{\sum\limits_{j=1}^{n}Me_{ij}\cdot y_{ij}}{Me_i((1-E[\widetilde{\omega}_{\widetilde{\alpha}_i^{\,loss}(r_i,\sigma_i)}])x_i+q_i)}\right],i=1,2,\cdots,m\\[4mm]\text{s. t.}\begin{cases}\sum\limits_{j=1}^{n}y_{ij}\leqslant(1-E[\widetilde{\omega}_{\widetilde{\alpha}_i^{\,loss}(r_i,\sigma_i)}])x_i+q_i\\[2mm]d_{ij}^{\min}\leqslant y_{ij}\leqslant d_{ij}^{\max}\\[2mm](1-E[\widetilde{\omega}_{\widetilde{\alpha}_i^{\,loss}(r_i,\sigma_i)}])x_i+q_i-\sum\limits_{j=1}^{n}y_{ij}\geqslant Ed_i^{\min}\end{cases}\end{cases}$$

$$(4.19)$$

式中，$x=(x_1,x_2,\cdots,x_m)$ 和 $y=(y_{11},y_{12},\cdots,y_{1n};y_{21},y_{22},\cdots,y_{2n};\cdots;y_{m1},y_{m2},\cdots,y_{1n})$ 是决策变量。

由模型（4.19）可以看出其是一个一主多从决策问题。每一个子区域通过考虑区域水管理局所分配的可利用水资源和其他的水资源（如地下水、降水），做出自己的最优分配策略。各个子区域的目标是在生态需求的约束下使经济效益效率最大化。对于任何给定的分配的水资源 x_i，子区域 i 的最优模型是一个线性约束规划。对于问题（4.19）中子区域 i 的约束，它能够被转换为如下的数学形式：

$$R_i=\left\{y_{ij}\Big|\sum_{j=1}^{n}y_{ij}\leqslant u_i,d_{ij}^{\min}\leqslant y_{ij}\leqslant d_{ij}^{\max}\right\}\qquad(4.20)$$

式中，$u_i=(1-E[\widetilde{\omega}_{\widetilde{\alpha}_i^{\,loss}(r_i,\sigma_i)}])x_i+q_i-Ed_i^{\min}$。

接下来，在供需分析的基础上，确定区域水管理局和各个子区域间的斯坦伯格—纳什均衡点。因为生态用水是区域的一个必须的需求，子区域的用水部门只包括农业、居民生活、工业用水，所以 n 被定义为 3。

1）主导层基于公平原则，从属层基于优先原则（UELP 原则）

如果区域水管理局分配的水资源不能够满足子区域 i 的最低需求，即 $u_i \leqslant \sum_{j=1}^{3} d_{ij}^{\min}$ ，则

$$x_i < (\sum_{j=1}^{3} d_{ij}^{\min} + Ed_i^{\min} - q) / (1 - E[\widetilde{\omega}_{\widetilde{\alpha}_i^{loss}(r_i, \sigma_i)}])$$

这里理性反应集是空集 $R_i \leqslant \Phi^{[72-73]}$。在此种情况下，根据主导层公平优先和从属层优先原则分配水资源。以公平优先的主导层在决策之前的都会考虑每个子区域的分配策略。通常，子区域 i 会将生活用水放在第一位，接下来再满足农业和工业用水需求。因此，对于任何的 x_i，子区域的理性反应集可以表示为：

$$R(x_i)_i = \begin{cases} \{y_i \mid y_i = (u_i, 0, 0)^T\}, u_i < d_{i1}^{\min} \\ \{y_i \mid y_i = (d_{i1}^{\min}, u_i - d_{i1}^{\min}, 0)^T\}, d_{i1}^{\min} \leqslant u_i < \sum_{j=1}^{2} d_{ij}^{\min} \\ \{y_i \mid y_i = (d_{i1}^{\min}, d_{i2}^{\min}, u_i - \sum_{j=1}^{2} d_{ij}^{\min})^T\}, \sum_{j=1}^{2} d_{ij}^{\min} \leqslant u_i < \sum_{j=1}^{3} d_{ij}^{\min} \end{cases}$$

$$(4.21)$$

明显地，这种情况只发生在当可利用水资源满足

$$Q < (\sum_{j=1}^{3} d_{ij}^{\min} + \sum_{j=1}^{5} (q_i - Ed_{ij}^{\min})) / (1 - \min_i \{E[\widetilde{\omega}_{\widetilde{\alpha}_i^{loss}(r_i, \sigma_i)}]\})$$

此时意味着可利用的水资源严重稀缺，而且不能满足所有子区域的基本需求。将这些反馈给主导层模型，然后它被转化为一个线性约束的非线性规划。

【引理 4.1】如果可利用的水资源极度稀缺，即 $u_1 < d_{i1}^{\min}$，而且采用 UELP 原则，那么基尼系数就是：

$$G(x) = 1 - \frac{\sum_{i=1}^{m} \sum_{k=1}^{n} \left| \dfrac{x_i}{Me_{i1} u_i} - \dfrac{x_k}{Me_{i1} SU_k} \right|}{2m \sum_{i=1}^{m} \dfrac{x_i}{Me_{i1} u_i}} \qquad (4.22)$$

类似地，对于其他水资源稀缺的情况，可以得到下面的引理。

【引理 4.2】如果可利用水资源中度稀缺，即 $d_{ij}^{\min} \leqslant u_i < \sum_{j=1}^{2} d_{ij}^{\min}$，而且采用 UELP 原则，那么基尼系数表示为：

$$G(x) = 1 - \frac{\sum_{i=1}^{m} \sum_{k=1}^{m} \left| \frac{x_i}{Me_{i1}d_{i1}^{\min} + Me_{i1}(u_i - d_{i1}^{\min})} - \frac{x_k}{Me_{k1}d_{k1}^{\min} + Me_{k1}(SU_k - d_{k1}^{\min})} \right|}{2m \sum_{i=1}^{m} \frac{x_i}{Me_{i1}d_{i1}^{\min} + Me_{i2}(u_i - d_{i1}^{\min})}}$$

$$(4.23)$$

【引理 4.3】如果可利用水资源轻度稀缺，即 $\sum_{j=1}^{2} d_{ij}^{\min} \leqslant u_i < \sum_{j=1}^{3} d_{ij}^{\min}$，而且采用 UELP 原则，那么基尼系数表示为：

$$G(x) = 1 - \frac{\sum_{i=1}^{m} \sum_{k=1}^{m} \left| \frac{x_i}{\sum_{j=1}^{2} Me_{ij}d_{ij}^{\min} + Me_{i3}(u_i - \sum_{j=1}^{2} d_{ij}^{\min})} - \frac{x_k}{\sum_{j=1}^{2} Me_{kj}d_{kj}^{\min} + Me_{k3}(SU_k - \sum_{j=1}^{2} d_{kj}^{\min})} \right|}{2m \sum_{i=1}^{m} \frac{x_i}{\sum_{j=1}^{2} Me_{ij}d_{ij}^{\min} + Me_{i3}(u_i - \sum_{j=1}^{2} d_{ij}^{\min})}}$$

$$(4.24)$$

2）主导层基于公平原则和从属层基于压力原则（UELS 原则）

如果区域水管理局分配的水资源能够满足子区域 i 的最低需求，即 $u_i \geqslant \sum_{j=1}^{3} d_{ij}^{\min}$，则

$$x_i < \left(\sum_{j=1}^{3} d_{ij}^{\min} + Ed_{ij}^{\min} - q_i \right) / (1 - E[\widetilde{\omega}_{\widetilde{a}_i}^{loss}(r_i, \sigma_i)])$$

理性反应集非空[72-73]。尤其存在一种可能 $Me_1 = Me_2 = Me_3$，这意味着生活、农业和工业部门拥有同样的边际经济效益。尽管这种可能性非常小，但是它仍然会针对区域水管理局给出的策略 x 产生一个确定的理性反应。提出主导层公平优先和从属层基于压力原则用来帮助子区域针对区域水管理局给出理性反应。UELS 原则需要各个子区域在满足这些部门的最小需求的情况下公平地考虑生活、农业和工业部门的分配策略。因此，对于任何的 x_i，子区域 i 的理性反应集可以表示为：

$$R(x_i)_i = \{ y_i \,|\, y_i = (\min\{d_{i1}^{\max}, u_i/3\}, \min\{d_{i2}^{\max}, u_i/3\}, \min\{d_{i1}^{\max}, u_i/3\})^T \}$$

$$(4.25)$$

【引理 4.4】如果在 $u_i \geqslant \sum_{j=1}^{3} d_{ij}^{\min}$ 和 $Me_1 = Me_2 = Me_3$ 的情况下采取 UELS 原则，那么通过将各个子区域最优的分配策略运用到主导层模型中，基尼系数可以表示为

$$G(x) = 1 - \frac{\sum_{i=1}^{m}\sum_{k=1}^{m}\left|\dfrac{x_i}{Me_i^f \sum_{j=1}^{3} y_{ij}^f} - \dfrac{x_k}{Me_k^f \sum_{j=1}^{3} y_{kj}^f}\right|}{2m\sum_{i=1}^{m}\dfrac{x_i}{Me_i^f \sum_{j=1}^{3} y_{ij}^f}} \tag{4.26}$$

这里 $y_{ij}^f = \min\{d_{ij}^{\max}, u_i/3\}$，$Me_i^f = Me_1 = Me_2 = Me_3$。

这里有一个特殊的情况，即区域水管理局分配的水资源超过了各个部门的最大需求。显然地，子区域将会选择每个部门的最大需求 $d_{ij}^{\max}$ 作为最优分配策略，并将此反映给主导层。

【定理 4.1】如果可利用的水资源很充足，以至于 $u_i/3 \geqslant \max_j\{d_{ij}^{\max}\}$，$e_i = Me_i^f \sum_{j=1}^{3} y_{ij}^{\max}$ 在不包括决策变量 x_i 情况下是一个定数，然后主导层应该表示为

$$\min_x G(x) = 1 - \frac{\sum_{i=1}^{m}\sum_{k=1}^{m}\left|\dfrac{x_i}{Me_i^f \sum_{j=1}^{3} y_{ij}^f} - \dfrac{x_k}{Me_k^f \sum_{j=1}^{3} y_{kj}^f}\right|}{2m\sum_{i=1}^{m}\dfrac{x_i}{Me_i^f \sum_{j=1}^{3} y_{ij}^f}}$$

$$\text{s.t.} \begin{cases} \sum_{i=1}^{m} x_i \leqslant Q \\ (1 - E[\tilde{\omega}_{\tilde{\alpha}_i^{loss}(r_i, \sigma_i)}])x_i + q_i - Ed_i^{\min} \geqslant 3\max_j\{d_{ij}^{\max}\} \\ (1 - E[\tilde{\omega}_{\tilde{\alpha}_i^{loss}(r_i, \sigma_i)}])x_i + q_i \geqslant s_i^{\max}, \forall i \\ z_i^{\min} \leqslant x_i \leqslant z_i^{\max}, \forall i \end{cases} \tag{4.27}$$

定理 4.1 的证明过程可见附录中的证明 A.5。模型（4.27）是一个典型的线性分数规划问题。如果存在一个 $d_{ij}^{\max}$ 大于 $u_i/3$，目标函数的形式应该像公式（4.26），是一个非线性分数规划。

3）主导层基于公平原则和从属层基于利益原则（UELB 原则）

如果区域水管理局分配的水资源能够保证子区域 i 的最小需求，而且一些多余的水能够用于实现经济效益分配和满足生态需求，即 $u_i \geqslant \sum_{j=1}^{3} d_{ij}^{\max}$，则理性反应集不是空集。考虑采用主导层公平优先和从属层利益优先原则分配水资源，使得各个子区域的经济效益最大化。通常情况下，子区域 i 在其他部门的最小经济效益已经得到满足的情况下，分配多余的水资源给那些具有最高边际

经济效益的部门，因为最大的经济回报将加速区域的发展。一般地，假设 $Me_{i\max} = Me_{i1}$，对于任何区域水管理局分配的水资源 x_i 来说，子区域 i 都遵循包含了子区域 i 可选择的所有的最优分配策略的理性集。

$$R\left(x_i\right)_i = \begin{cases} \left\{ y_i \,\middle|\, y_i = (u_i - \sum_{j=2}^{3} d_{ij}^{\min}, d_{i2}^{\min}, d_{i3}^{\min})^T \right\}, u_i < d_{i1}^{\max} + \sum_{j=1}^{2} d_{ij}^{\min} \\ \left\{ y_i \,\middle|\, y_i = (d_{i1}^{\max}, u_i - d_{i1}^{\max} - d_{i3}^{\min}, d_{i3}^{\min})^T \right\}, d_{i1}^{\max} + \sum_{j=1}^{2} d_{ij}^{\min} \leqslant \\ \qquad u_i < \sum_{j=1}^{2} d_{ij}^{\min} + d_{i3}^{\min} \\ \left\{ y_i \,\middle|\, y_i = (d_{i1}^{\max}, d_{i2}^{\max}, u_i - \sum_{j=1}^{2} d_{ij}^{\max})^T \right\}, u_i \geqslant \sum_{j=1}^{2} d_{ij}^{\max} + d_{i3}^{\min} \end{cases}$$

$$(4.28)$$

然后各个子区域的分配策略可以考虑为一个对于主导层的理性反应。区域水管理局将通过基尼系数结合各个子区域对目标方程的的理性反应来尽力实现水分配的最大公平。

【引理 4.5】如果 UELB 原则被用于寻找最优解，存在情况 $u_i \geqslant \sum_{j=1}^{3} d_{ij}^{\min}$，且 Me_i 不相同，那么通过将所有子区域的最优分配策略带入主导层模型，可以得到以下形式的基尼系数：

$$G(x) = 1 - \frac{\sum_{i=1}^{m} \sum_{k=1}^{m} \left| \dfrac{x_i}{Me_{i1} y_{i1} q_{i1}^e + \sum_{j=2}^{3} Me_{ij} d_{ij}^{\min}} - \dfrac{x_k}{Me_{k1} y_{k1} q_{k1}^e + \sum_{j=2}^{3} Me_{kj} d_{kj}^{\min}} \right|}{2m \sum_{i=1}^{m} \dfrac{x_i}{Me_{i1} y_{i1} q_{i1}^e + \sum_{j=2}^{3} Me_{ij} d_{ij}^{\min}}}$$

$$(4.29)$$

4.3　IABC 算法

主从对策模型是 NP—hard 问题，并且是强 NP—hard 问题[49,109]。下面介绍一个改进的人工蜂群算法用于求解上述主导层模型—区域水管理局配水决策模型。

人工蜂群算法（ABC）是一个模拟蜂群觅食行为的优化算法，它最早由 Karaboga 在 2005 年提出[125]。在一个实际的蜂群中，有些工作由专门的个体完成。这些蜜蜂尝试通过有效的劳动和自我组织分工来最大化蜂巢中的花蜜量[128]。在 ABC 算法中，每个食物源的位置代表模型的解，而食物源花蜜数量代表解的质量[36]。人工蜜蜂种群由三种蜜蜂组成：雇佣蜂群、旁观蜂群以及侦查蜂群。一个可以自主地回到原来的食物来源地觅食的蜜蜂是雇佣蜂，在一个舞蹈区域等待食物源选择决策的蜜蜂是旁观蜂，随机寻求食物来源的蜜蜂为侦察蜂。蜂群大小一半的蜜蜂组成雇佣蜂群，另一半组成旁观蜂群。每个食物源对应一个雇佣蜂。在算法过程中，首先随机产生食物源初始位置。然后，每个雇佣蜂被派去探索这些食物源，然后返回蜂巢将蜂蜜传递给旁观蜂群。旁观蜂群根据返回蜂蜜数量确定下一步探索的食物源位置。因此，雇佣蜂群以及旁观蜂群的探索过程实际上即是模型解的更新过程。在此过程中，为了发现更好的解，一旦某个食物源被开采干净（即该食物源位置连续多次迭代过程中没有改变），该食物源对应的雇佣蜂将转换为侦查蜜蜂并搜索新的食物源位置。不断重复上述由雇佣蜂群、旁观蜂群以及侦查蜂群组成的搜索过程，直到算法结束。ABC 算法已经成功应用到了多个领域，如进度计划、聚类问题及工程设计等。上述研究结果显示，与其他进化算法相比，尽管 ABC 算法所需的控制参数更少，但它的算法表现却与其他进化算法相当。尤其在求解多变量、多维度最优问题时有优秀的表现[126−129]。恰好建立的模型为多变量模型，因此选择 ABC 算法求解该模型。

4.3.1　解的初始化

在初始化的过程中，花蜜量作为已知的数据量，随机选取食物源，搜集花蜜量至一个规定的极限。然后蜂群随机地选择许多食物源的位置离开蜂巢寻求花蜜（见表 4.1）。

表 4.1　解的初始化过程

初始化 x_{il}, y_{ijl}
Step 1. 令 $N = 1$
Step 2. 从（0，1）中随机生成数 Ra
Step 3. 然后 $x_{il} = x_i^{\min} + Ra(x_i^{\max} - x_i^{\min}), y_{ijl} = y_{ij}^{\min} + Ra(y_{ij}^{\max} - y_{ij}^{\min})$
Step 4. 令 $N = N + 1$，如果满足终止条件，进入 Step 5，否则返回 Step 2
Step 5. 输出 x_{il}, y_{ijl}

表 4.1 中 Ra 是区间 [0，1] 之间服从均匀分布的一个随机数；$l = 1$，

2，…，SN；$i = 1$，2，…，m；$j = 1$，2，…，n；SN 表示食物源的数量；i，j 表示优化参数的数量。除此以外，储存试验次数的计数器在这一阶段设置为 0（即 $trial_l = 0$），设置初始迭代次数为 $t = 1$，规定最大迭代次数为 MCN。

进行初始化之后，食物源（解）的种群受雇佣蜂、旁观蜂以及侦察蜂搜索过程重复循环的影响。

4.3.2　食物源评价

为了评价食物源，首先将每个食物源的位置x_l解码解变量$\{x_i\}$，然后将解变量代入适应值函数并计算其适应值。在可行范围内产生 x_{il}，通过公式（4.30），最大化问题的适应值可以分配给解 x_{il}。

$$fit_l = f_l \tag{4.30}$$

式中，f_l 为解 x_{il} 的基尼系数。

4.3.3　食物源更新

在 ABC 算法中，食物源位置更新，即解更新由三个步骤组成：雇佣蜂群移动、旁观蜂群移动、侦查蜂群移动。首先，雇佣蜂群需要更新食物源的位置，因此其将搜索每个食物源的邻域；然后，旁观蜂群对食物源的位置进行再次更新，其依据是评价雇佣蜂群探索的食物源的蜂蜜信息；最后，侦查蜂群决定需要淘汰的食物源位置（即那些蜂蜜已经被开采完的食物源位置）。

1）雇佣蜂群移动

ABC 算法中，为了生成新的食物源，首先会随机选择一个位置，然后再与其他食物源比较，根据孰优孰劣，更新该位置[127]。每个雇佣蜜蜂仅须探索一个食物源。雇佣蜂到达其对应的食物源位置之后，就会探索这个食物源位置的邻域位置，以求找到一个新的食物源位置。找到新的食物源位置之后，将其与原位置比较，如果新产生的位置较优，将其替换原始位置。

根据模型的特点，在设计的 IABC 算法中，食物源位置编码成一个 m 维向量，那么向量中有一个位置的改变，都代表了食物源位置的更新。在进行了初始化之后，雇佣蜂会进行信息分享，然后每一个雇佣蜂会达到自身记得的食物源位置。通过观察这个原始食物源位置周围的环境，寻找一个领域的食物源，这个领域的食物源根据如下的方式进行确定：

$$v_{il} = x_{il} + \varphi_{il}(x_{il} - x_{io}) \tag{4.31}$$

首先，每一个食物源位置的邻区表示为 v_{il}，食物源位置 v_{il} 通过改变 x_{il}

中的一个参数决定。在式（4.31）中，i 是属于它们的范围内的随机整数，$o \in \{1, 2, \cdots, SN\}$ 是随机选择的整数，且 $l \neq o$。φ_{il} 是一个区间 $[-1, 1]$ 内服从均匀分布的一个随机实数，即 $\varphi_{il} \in [-1, 1]$。

在可行范围内产生 x_{il}，通过式（4.30），最大化问题的适应值可以分配给解 v_{il}。式（4.30）中的 f_l 表示解 x_{il} 的缺水控制目标值，假设 x_l 表示原来的食物源位置，v_l 表示邻区食物源位置，使用贪婪选择方法[36]对 x_l 与 v_l 进行对比，哪一个位置较佳就选择哪一个位置，其适应值表示食物源位置 x_l 与 v_l 的花蜜量，花蜜量多的表示适应值大，相应的位置也较佳。如果邻区食物源位置 v_l 较原食物源位置佳，那么雇佣蜂记住新的位置，忘记旧的位置；否则，雇佣蜂将记住旧的位置。如果食物源位置 x_l 没有办法得到更新，那么尝试次数的计数器将增加 1（即 $triale_l = triale + 1$），否则重新将其设置为 0（即 $trial = 0$）。y_{ij} 通过求解各个子区域配水模型确定。在本算法中；由于从属层规划是线性函数，因此使用 Matlab "$linprog$" 函数确定每个子区域各个部门间的配水方案，即确定变量 y_{ij} 的值。

2）旁观蜂群移动

在雇佣蜂群完成了食物源位置的搜索及更新以后，它们会返回蜂巢并将食物源信息分享给旁观蜂群。旁观蜂群得到信息之后，对当前所有食物源进行评价，然后对每个食物源 l 以概率 p_l 进行更新。概率 p_l 通过如下公式计算：

$$p_i = \frac{fit_l}{\sum_{l=1}^{SN} fit_l} \qquad (4.32)$$

式中，fit_l 为食物源 l 的适应值。

然后，随机选择一个 0 到 1 的参数 p，即 $p \in (0, 1)$，如果 $p < p_l$，那么旁观蜂群将对食物源位置进行更新；否则，采用雇佣蜂群探索的食物源。在此阶段，旁观蜂群首先在食物源 l 随机选择配水量 x_{il}，然后再随机选择另一个食物源 ϑ，最后用食物源 ϑl 的替换食物源 l 中选择的路径，即 $x_{il} = x_{i\vartheta}$。

3）侦查蜂群移动

在每次迭代过程中，当雇佣蜂群与旁观蜂群分别完成其搜索任务之后，算法将检查每个食物源位置是否已经更新。如果食物位置经过上述两步没有改变，那么设置参数 $trial_l$ 加 1（即 $trial_l = trial_l + 1$）；否则，重置 $trial_l$ 为 0（即 $trial_l = 0$）。然后检查食物源蜂蜜是否已经被采尽（即检查参数 $trial_l$），如果 $trial_l > limits$，则认为食物源 i 的蜂蜜已被采尽，那么随机产生一个新食物源位置替代 x_l，并重置 $trial_l$ 为 0（即 $trial_l = 0$）。其中，$limits$ 是一个事先确定的控制参数。由于旁观蜂群有可能偶然发现新的富有且完整的食物源，因此它在算法进化过程中起着重要作用。

4.3.4　IABC 算法步骤

前面已经指出，IABC 算法主要用于处理主导层模型。在算法进行过程中，首先随机产生食物源位置，然后将食物源位置解码为区域水管理局配水计划。接着，基于主导层产生的区域管理局配水计划，分别用现成算法求解从属层各个子区域的配水模型，并将求解结果返回主导层模型计算主导层目标。然后根据适应值评估各个食物源，并分别利用雇佣蜂群、旁观蜂群以及观察蜂群搜索食物源位置的邻域位置，从而更新食物源位置。算法流程如图 4.5 所示，主要步骤如下：

Step 1. 初始化食物源参数：种群大小 SN、最大迭代次数 T 以及食物源抛弃控制参数 $limits$。令循环代数 $t=1$，对 $l=1，2，\cdots，SN$ 随机产生食物源 x_l 的位置，并令第 l 个食物源的位置保持代数 $trail_l=0$。

Step 2. 将食物源位置 x_l 解码为区域水管理局的配水计划，即主导层决策变量 $\{x_i\}$ 的取值。

Step 3. 根据主导层结果，分别求解从属层子区域配水模型。将模型结果返回主导层目标函数，并计算适应值，记录适应值最大（即目标值最小）的食物源位置。

Step 4. 雇佣蜂群更新。

Step 4.1. 在每个食物源的邻域参数一个新的食物源位置，并对这个食物源进行评估。

Step 4.2. 采用贪婪选择方法，将 x_l 与其邻域位置进行比较，选择较佳位置。

Step 4.3. 如果 x_l 的邻域不如其本身，那么 $trail_l=trail_l+1$，否则 $trail_l=0$。

Step 5. 旁观蜂群更新。

Step 5.1. 在（0，1）之间产生随机数 p，如果有 $p<p_l$，产生新的食物源位置，并对这个食物源进行评估。

Step 5.2. 采用贪婪选择方法，将 x_l 与其邻域位置进行比较，选择较佳位置。

Step 5.3. 如果 x_l 的邻域不如其本身，那么 $trail_l=trail_l+1$；否则 $trail_l=0$。

Step 6. 记录最佳食物源位置。

Step 7. 侦查蜂更新：检查是否有需要抛弃的食物源。检查参数 $trail_l$：

若 $\max(trail_l) > limits$，则随机产生一个新的食物源位置替代 x_l，并重置 $trail_l$ 为 0。

Step 8. 若停止准则满足，即 $t > MCN$，结束程序；否则，令 $t = t+1$，并返回 Step 2。

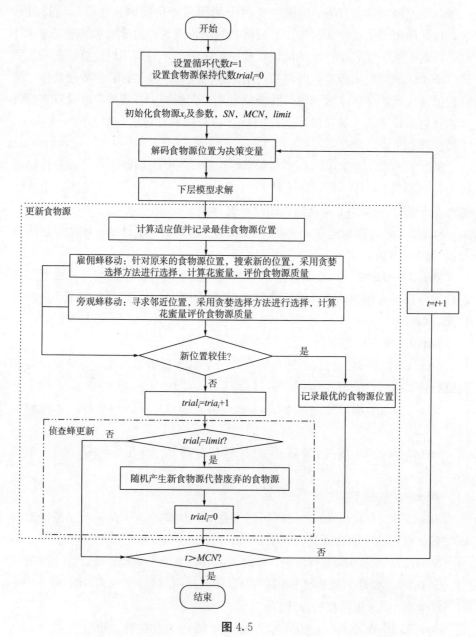

图 4.5

4.4　四川渠江盆地水资源配置

渠江，跨越中国西南三省，是长江上游嘉陵江流域的最大支流。案例集中研究四川区域渠江盆地水资源分配，包括巴中分区、达州分区、广安分区、广元分区以及南充分区，总面积 34151 km² （8913 km² 的灌溉域）。区域覆盖 22 个县，人口 1452 万人，2012 年 GDP 收入达 20 亿美元。

4.4.1　盆地概述

四川省总的径流量大概为 19.3 亿立方米，。雨季（5—8 月）时，渠江盆地区域的水有一定的盈余，而在旱季（11—4 月），则出现严重的水资源短缺，这表明渠江盆地是一个非稳定的盆地，并且出于经济可持续发展角度考虑，应该有效管理有限的可用资源。为了解决这一问题以及有效防止洪灾和旱灾，渠江盆地共建立了约 9.57 万个供水设施（2012 年的数据），总供水量为 19.69 亿立方米。包括大中型水库 18 个，供水量为 6.5 亿立方米；小型水库 1165 个，供水量为 5.23 亿立方米；8.38 万个水塘，共计水量 5.69 亿立方米；连同饮水工程 6653 个，供水量为 1.05 亿立方米；积水工程 4076 个，总供水量为 1.22 亿立方米。

虽然渠江盆地有许多的分流，雨季也有丰富的降水量，但是在许多分区，旱季对水需求量远远超过了可用的水量。有时，就算在雨季，也存在很严重的干旱情况。水分配问题通常要经过一个协定商讨过程，这个过程一般在每年的 10 月份开始，以决定来年各功能区的水资源分配，基于每年 11 月 1 号时的 1183 个蓄水池的储水量（由各分区的水资源管理者以及上文所提到的管理部门或者技术部门提供所需的数据）。例如，为了了解对农业部门的水资源分配情况，相关植被灌溉区域水量可依据以往经验计算每单元土地所需供水量得出。通常，对各功能区水资源的分配大多采用以下的优先顺序：畜牧业、农业、工业以及生态。

近年来，在渠江盆地的中流以及下流，区域经济得到快速发展。除了是观光胜地，渠江盆地还拥有湿润常绿环境，为家畜和野生动物提供了大量牧场。另外，渠江盆地拥有肥沃的土地，可种植大米、玉米以及蔬菜等。在旱季，牲畜从偏远山庄迁徙到水库、湖畔以及池塘旁寻找水源。有时，这种情况会引起牧民和当地的农民对于牧场和水源的冲突。其他增加可用水源压力的因素包括从高山地区迁移过来的人口。另外，为了促进经济发展而将农村人口转化成城镇人口来促进工业的发展，与之一起的还有城市经济的发展，也属于城镇化进程。从中国第 10 个五年计划开始，这些区域的工业、农业以及经济得到了快速发展。过去 20 年，对不同区域的水需求量显著增加，使得以往的水资源分配计划不再适用，它不能解决各分区水资源需求冲突。因此，许多关于公平、效率以及可持续发展的问题就显现出来。

4.4.2 参数确定

渠江盆地可用水由地表以及降雨所致的地下水组成，除去了可重复转换。根据渠江计划报告，每年可供 19.3 亿立方米的可用水（Q＝19.3 亿立方米）供 5 个分区，包括巴中分区（BZ）、南充分区（NC）、广安分区（GA）、广元分区（GY）以及达州（DZ）分区，共 1452 万人，占地 34151 km²（8913 km² 灌溉区域）。

根据 2008 年至 2012 年的历史数据，采用多元回归模型预测年边际经济效益，并且提前决定水资源分配。边际经济效益以及其他的参数如表 4.2 和表 4.3 所示。

表 4.2　5 个子区域 3 个用水部门相关参数

	$LR(\widetilde{\widetilde{\alpha}}_i^{loss})$	$OWR(q_i)$ ($10^4\,\mathrm{m}^3$)	$STca(s_i^{max})$ ($10^4\,\mathrm{m}^3$)	$DTca$ ($10^4\,\mathrm{m}^3$)		Me_i（Yuan/m³）		
				z_i^{max}	z_i^{min}	工业用水	农业用水	居民用水
BZ	$(0.42, \alpha_1^{loss,M}, 0.47)$，其中 $\alpha_1^{loss,M} \sim N(0.45, 0.01)$	42764	50000	53157	479054	60.51	42.55	43.86
NC	$(0.36, \alpha_2^{loss,M}, 0.40)$，其中 $\alpha_2^{loss,M} \sim N(0.38, 0.04)$	23870	40000	45320	39514	54.35	34.48	32.26
GA	$(0.28, \alpha_3^{loss,M}, 0.32)$，其中 $\alpha_3^{loss,M} \sim N(0.30, 0.01)$	33997	40000	46889	18622	67.57	47.62	47.17
GY	$(0.45, \alpha_4^{loss,M}, 0.55)$，其中 $\alpha_4^{loss,M} \sim N(0.50, 0.09)$	2874	30000	38543	12448	74.07	31.25	37.88
DZ	$(0.29, \alpha_5^{loss,M}, 0.35)$，其中 $\alpha_5^{loss,M} \sim N(0.32, 0.01)$	115382	60000	67832	26308	86.96	43.11	45.45

注：LR：损失率；OWR：其他水源；$STca$：存储能力；$DTca$：导流能力；Me_i：第 i 种用水部门的经济效益。

表 4.3　5 个子区域 3 个用水部门的最小和最大用水需求

	IND		AGR		DOM		ECO
	$d_{i1}^{\max}$	$d_{i1}^{\min}$	$d_{i2}^{\max}$	$d_{i2}^{\min}$	$d_{i3}^{\max}$		
BZ	48848	11715	76465	51917	15510	11410	285
NC	47202	5643	42032	36349	7845	5675	163
GA	45149	16356	44277	33187	9616	6697	149
GY	35988	653	4224	3422	812	659	17
DZ	78174	52444	141104	104172	28092	21702	598

4.4.3　方法对比

基于供需关系的分配方法简称 SDBM，传统分配方法简称 TAM。当前，在渠江盆地，TAM 不考虑子地区的分配决策的反馈，而是通过一些行政手段来分配水资源，以解决子区域和不同部门之间的冲突。很明显地，行政手段会导致子区域之间和不同部门之间的不公平和冲突。由于渠江流域可利用水资源的不稳定，行政手段同样也会造成不可持续和无效率的现象，其中一个特征就是严重的浪费和水使用率的低下。因此，本章提出的优化方法被用于使渠江流域的水资源得到最优化的配置。渠江流域的基本数据收集运用到模型（4.19）中来得出优的分配策略。

渠江流域的所有可利用的水资源处于低水平。因此，加强水利工程建设以提高水分配能力是很必要的。在构建水利工程时，也要考虑航运和生态水需求来分配水资源。水道应该保持一个合理的水平以保证水的排出。除此之外，加强渠江流域上游和中游的水资源的的保护。根据当前的数据，即使考虑水分配的最小损失率，总的可利用的水资源仍然少于所有子地区总的最小需求；即使考虑到水分配的最大损失率，其总的可利用的水资源仍然大于所有子地区的生活和农业部门总的最小需求。可获得的水供应和最小的水需求说明水资源缺口非常严重，这种不充足的水资源在不同的使用者（包括生活、农业和工业部门）之间的分配计划依赖于渠江盆地分配的可利用水资源和其所拥有的其他水资源（见表 4.2）的数量，以优先原则为基础来分配水资源给三个部门。渠江盆地以公平为基础做出分配策略。

TAM 通过讨论程序决定分配给各个子地区的水资源数量，这种讨论一般发生在每年的 12 月，由之前 11 个月各个子地区提供的水管理和水需求的 1183 个水库的数据来决定下一年的水分配计划。水分配策略主要是依靠以往

的经验和区域与子地区的经济指标为依据，通常考虑的是各个子地区不同部门
的经济效益率对区域总经济效益的贡献，而不考虑子地区的反馈。SDBM 和
TAM 的分配结果如表 4.4 所示。下面是一些关于水短缺率、水分配公平性和
经济效益的比较。

表 4.4　SDBM 与 TAM 的决策比较

	SDBM					TAM				
	BZ	NC	GA	GY	DZ	BZ	NC	GA	GY	DZ
工业用水	5500	6200	21758	5000	23209	2928	38454	29572	22057	45982
农业用水	45982	36349	33187	3422	104172	2928	36349	33187	3422	104172
居民用水	11410	5675	6697	659	21702	11410	5675	6697	659	21702
总配水量	47905	39514	39692	12448	50440	17266	56771	35608	23281	57072

1）水供给和水需求的平衡分析

水供给和水需求的平衡分析目的在于计算水的短缺率，从而发现分配策略
的无效率。子地区 i 的用水部门 j 的水短缺率（qR）可以通过下面的公式
计算：

$$qR_{ij} = \begin{cases} \dfrac{d_{ij}^{\min} - q_{ij}}{d_{ij}^{\min}}, & q_{ij} \leqslant d_{ij}^{\min} \\ 0, & q_{ij} > d_{ij}^{\min} \end{cases} \tag{4.33}$$

公式（4.33）体现了水短缺主要发生在 SDBM 和 TAM 的工业部门。
SDBM 的分配策略揭示了 BZ 和 DZ 的工业部门的水资源短缺率分别为 53%
和 56%（$qR_{11}=53\%$ 和 $qR_{51}=56\%$），在其他所有子地区中 qR_{ij} 均为 0。TAM
的分配策略说明 BZ 和 DZ 的工业部门的水资源短缺率分别是 75% 和 12%
（$qR_{11}=75\%$ 和 $qR_{51}=12\%$），BZ 的农业部门缺水率高达 94%（$qR_{12}=94\%$），
所有地区的其他部门的 qR_{ij} 均为 0。它说明 TAM 在渠江 BSM 分配的水资源
少于各个部门最小总需求的情况下，由于更高的边际经济效益会通过减少一部
分的农业用水来尽力满足工业部门的需求。毫无疑问，TAM 会加大部门之
间，甚至子地区之间的不平衡。

2）水分配的公平性

TAM 只考虑水分配的经济指标，不考虑公平，必定会加剧子地区间的不
平衡和竞争。一个可持续的发展模式将能够形成一个长期的前景。根据表 4.4
的分配策略，TAM 分配的水资源基尼系数是 0.274。然而，SDBM 分配的水

资源基尼系数是 0.229，低于 TAM。SDBM 考虑了社会公平，这能够促进分配计划，为一些不发达的地区寻找发展的机会，比如 GY 和 BZ，以及保护和促进社会边缘行业的利益。图 4.6、图 4.7 给出了 SDBM 和 TAM 水资源分配的公平性和系统能力表现的经济效益的指标。它说明 SDBM 能保证最大和最小经济收益之间存在 572 亿元的差距，但是 TAM 会产生 771 亿元的差距。这说明 SDBM 提供的分配策略可平衡地区发展间的差距，减少冲突。对于部门来说，尽管可利用水资源十分紧缺，但各个子地区的生活和农业部门的最小需求被 SDBM 满足。然而，由于一些水资源被用于发展工业了，BZ 地区的农业最小水需求无法被 TAM 满足。显然，这对整个渠江流域水分配计划的均衡发展是不合理的。

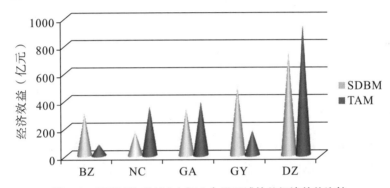

图 4.6 SDBM 和 TAM 之间 5 个子区域的总经济效益比较

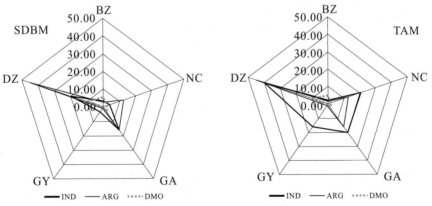

图 4.7 SDBM 和 TAM 之间 5 个子区域 3 个用水部门的总经济效益比较（单位：10 亿元）

3）经济效益

SDBM 要求渠江盆地在公平的基础上分配水资源，而且子地区以经济效益最大化为目标来考虑分配策略，但是 TAM 要求渠江盆地和子地区都在经济效益的基础上分配水资源。然而即使考虑了水调运的最小损失率，总的可利用水资源还是比各个地区总的最小需求少；即使考虑了水调运的最大损失率，总的可利用水资源还是比各个子地区总的生活和农业用水的最小需求大。这要求各个子地区以优先权为基础分配水资源，意味着生活、农业、工业部门的最小需求应该按顺序被满足。从图 4.6、图 4.7 可知，渠江流域从 SDBM 和 TAM 获得的总的经济效益分别是 1618 亿元和 1946 亿元人民币。SDBM 所带来的总的经济效益比 TAM 低 17%。由 SDBM 获得的 5 个地区的总的经济效益分别是 304 亿元（BZ），173 亿元（NC），337 亿元（GA），502 亿元（GY）和 750 亿元（DZ）。由 TAM 获得的 5 个地区的总的经济效益分别是 80 亿元（BZ），353 亿元（NC），389 亿元（GA），177 亿元（GY）和 947 亿元（DZ）。很明显 TAM 首先会把水资源分配给那些在上一阶段拥有最高经济效益的子地区。然而，SDBM 可通过减少一些经济效益，实现子地区之间的公平。从长期发展的角度考虑，SDBM 在实现地区间更高的平衡、可持续发展方面来说要更合理一些。

4.4.4 情景分析

在提出的模型中，一些关键的参数，如可利用的水资源（Q）、水调运的损失率（$\tilde{\alpha}_i^{loss}$）、子地区 i 的部门 j 的最小水需求（$d_{ij}^{\min}$）和边际经济效益（Me_{ij}），决定了水分配原则和不同的水分配的均衡点。比如，如果可利用水资源丰富，子地区将会分配大量的水给边际经济效益最大的部门。

1）情景 1：总可利用水资源的不同层次

总可利用水资源的不同层次包括渠江流域的可利用水资源和其他所有子地区的可利用水资源，它也许会因为地理和气候的原因而变化，将它代入前面提出的模型中，将会在水资源分配中发挥重要的作用。如表 4.5 所示，随着总可利用水资源的变化，分配策略也会发生相应的变化。比如，极端干旱的气候会导致总的可用水下降至等于或低于现有水平的 50%（19 亿立方米）。这意味着总的可利用水资源少于所有子地区的总的生活用水的最小需求。在这种情况下，子地区不得不用优先的分配原则来依次满足生活和农业用水，工业用水不得不被停止。当可用水增加到等于或高于现有水平的 50%（19 亿立方米），这意味着总的可利用水资源多于所有子地区的总的生活、农业、工业用水的最小需求。在这种情况下，子地区采取经济优先原则最优，以总经济效益的最大化为目标，以此来促进区域经济的发展。此时由于水资源并不是如此稀缺，基尼系数要比以前的低。

表 4.5　不同的总可用水水平的配置决策

		配水量 $(10^4 \mathrm{m}^3)$			经济效益 $(10^9 \mathrm{RMB})$				基尼系数 $G(x)$	配水原则
		y_{i1}	y_{i2}	y_{i3}	x_i	e_{i1}	e_{i2}	e_{i3}	e_i	
+50%	BZ	27702	51917	11410	49396	16.8	22.1	5.00	43.9	0.200	UELB
	NC	5867	36349	5675	19757	3.19	12.5	1.83	17.5		
	GA	38963	33187	6697	40000	26.3	15.8	3.16	45.3		
	GY	3325	3422	659	6624	2.46	1.07	0.25	3.78		
	DZ	87401	104172	21702	60000	76.0	44.9	9.86	130.8		
−50%	BZ	0	23146	11410	23952	0	9.84	5.00	14.85	0.308	UELP
	NC	0	18509	2675	19757	0	6.38	1.83	8.13		
	GA	0	24325	6697	20034	0	11.58	3.16	14.74		
	GY	0	3890	659	6624	0	12.16	2.50	14.65		
	DZ	0	53010	21702	25032	0	22.85	9.86	32.71		

　　注：UELP：主导层基于公平原则，从属层基于优先原则；UELB：主导层基于公平原则，从属层基于利益原则。

2）情景 2：降低水调运的损失率

水调运的损失率（WDLR）是水资源从流域调运到子地区的过程中发生的损失的比率。它是渠江盆地考虑给子地区的水资源分配量时的一个重要的因素。WDLR 越高，分配的水资源损失得越多。如果河道被修整，则 WDLR 会降低。表 4.6 表示 WDLR 降低时的分配原则和策略。显然，如果 WDLR 降低，子地区将能获得更多的水。如果所有子地区的 WDLR 降低当前水平的 20%（均值），则 $\alpha_1^{loss}=0.36, \alpha_2^{loss}=0.304, \alpha_3^{loss}=0.24, \alpha_4^{loss}=0.4, \alpha_5^{loss}=0.256$ ，总的可利用水资源仍然少于所有子地区生活、农业、工业部门的最小水需求的总和，子地区在分配水资源时应该考虑优先原则。然而，如果所有子地区的 WDLR 降低当前水平的 80%（均值），则 $\alpha_1^{loss}=0.09, \alpha_2^{loss}=0.076, \alpha_3^{loss}=0.06, \alpha_4^{loss}=0.1, \alpha_5^{loss}=0.064$ ，总的可利用的水资源仍然多于所有子地区生活、农业、工业部门的最小水需求的总和，子地区分配水资源应该考虑效益优先原则。无论如何，为了实现更高的公平和经济效益，渠江盆地应该尽力去修复河道来改善水调运的损失率。除此之外，子地区能够修建更多的水利工程去调解水储备的数量，保证可利用水资源的充足。

表 4.6   不同的调水损失率的配置决策

		配水量 (10⁴ m³)				经济效益 (10⁹ RMB)				基尼系数 $G(x)$	配水原则
		y_{i1}	y_{i2}	y_{i3}	x_i	e_{i1}	e_{i2}	e_{i3}	e_i		
−20%	BZ	14122	51917	11410	47905	8.56	22.09	5.00	35.6	0.193	UELP
	NC	12188	36349	42032	39514	6.62	12.5	1.83	21.0		
	GA	25448	33187	4224	38396	17.1	15.8	3.16	36.2		
	GY	7490	3422	659	12448	5.55	1.06	0.25	6.87		
	DZ	30714	104172	21702	51737	26.7	44.9	9.86	81.5		
−80%	BZ	22746	51917	11410	47905	13.8	22.1	5.00	40.9	0.174	UELB
	NC	18193	36349	5675	39514	9.89	12.5	1.83	24.3		
	GA	29290	33187	6697	37581	19.8	15.8	3.16	38.6		
	GY	9979	3422	659	12448	7.39	1.07	0.25	8.71		
	DZ	38099	104172	21702	52552	33.1	44.9	9.86	87.9		

3）情景 3：改变不同用水部门的最低需求

此模型被应用于子地区的 3 个部门，并且最小的水需求在当前最小水需求水平的−50%到 50%之间变动。这个案例被用于分析不同最小水需求情况下，水资源的公平分配应该要满足社会经济和生态的要求。表 4.7 表示水分配到各个子地区的不同部门的结果。由于总可利用水资源仍然少于所有子区域的居民、农业和工业用水总的最低水需求。当需求增长 10%时，模型要求所有子区域采取优先原则首先满足居民用水的最低水资源需求，然后将水资源分配给下一个稍高的最低水需求部门。当所有部门的最低水需求下降 10%，总的可利用水资源高于所有子区域的居民、农业与工业用水部门的总的最低需求。子区域将采取基于利益的原则，将水资源首先分配给具有最低水需求的居民与农业用水部门，然后剩下的水全部配给工业部门以最大化经济效益。由此，区域可以得到快速发展。所有子区域增长的最低水需求将加剧水资源的缺乏。一方面，渠江盆地和所有子区域应该寻找更多的可利用水资源，如回收使用的水资源；另一方面，用水部门应提高水资源的利用率，从而降低水资源的使用量。

表 4.7 不同的最低水需求的配置决策

		配水量 ($10^4\,\mathrm{m}^3$)				经济效益 (10^9 RMB)				基尼系数 $G(x)$	配水原则
		y_{i1}	y_{i2}	y_{i3}	x_i	e_{i1}	e_{i2}	e_{i3}	e_i		
+10%	BZ	0	57109	12551	49419	0	24.3	5.0	29.8	0.228	UELP
	NC	1979	39982	6243	39514	1.08	13.8	2.01	16.9		
	CA	16908	36506	7367	38475	11.4	17.4	3.47	32.3		
	CY	4591	3764	725	12448	3.40	1.18	0.27	4.85		
	DZ	10420	114589	23872	50143	9.06	49.4	10.8	69.3		
−10%	BZ	11832	46725	10269	47905	7.17	19.9	4.5	31.6	0.231	UELB
	NC	10384	32714	5108	39514	5.64	11.3	1.65	18.6		
	GA	25952	29868	6027	40000	17.5	14.2	2.84	34.6		
	GY	5408	3080	593	12448	4.00	0.96	0.22	5.19		
	DZ	35587	93755	19531	50133	30.9	40.4	8.88	80.2		
	DZ	78174	52444	141104	104172	28092	21702	598	5675		

注：UELP：主导层基于公平原则，从属层基于优先原则；UELB：主导层基于公平原则，从属层基于利益原则。

4.5 小结

考虑到在一个整体区域的水资源的可利用情况的不可持续性，本章提出了一个考虑公平、经济效益和生态环境的一主多从对策模型进行水资源的优化配置，区域水管理局（主导层决策者）考虑使用水资源分配的基尼系数，通过求得基尼系数的最小化，实现各个子区域之间水分配的最大公平性，子地区水管理者（从属层决策者）追求经济效益的最大化。与以前的研究相比，本章将公平、效率和生态融入到区域水资源分配中，建立了主导层以公平为原则，从属层以优先、压力和效益为原则的一个主从对策优化的水资源分配框架。此框架有以下几个方面的特征：①结合公平、经济效益和生态的一主多从对策模型，在水供应很复杂的情况下，这种模型能够起到有效的作用，由区域水管理局通过协调潜在的水危机来提供一个有效且公平的分配机制；②子地区可以根据区域水管理局分配的水资源和自身可利用水资源来相对自由地制定自己的策略；③由于主导层决策者给那些以农业为主和人口数量较大的地区优先权，这些地区的灌溉和生活用水会优先得到保证。除了一主多从的对策结构外，本章也引入了模糊随机变量来描述问题中存在的不确定性，并通过两步转化方法将模糊随机变量转化为确定的期望值：首先，将模糊随机变量转化为梯形模糊数，再通过引入模糊期望值算子求得对应的确定值；其次，根据模型特征，设计了改进的人工蚁群算法对模型进行求解；最后，将优化方法运用到我国扬子江上游的渠江流域实际案例中，验证了模型以及算法的有效性和实用性。

第5章　市场调控一主多从对策模型及应用

　　自 20 世纪末至今，水资源已成为稀缺资源。通过行政手段和法律手段对水资源进行管理是远远不够的，研究表明，水市场能够提高水资源配置效率，带来可观的经济收益。Vaux 等采用非线性分析方法对美国加州农用水权转变为城市和工业水权进行了分析，其研究证明：如果一年中有 $1341×10^6$ m³ 的水资源能够实现在水市场进行流转，就可以给社会带来额外的 30 亿美元的经济效益[217]。因此，水市场的作用以及水市场建设研究吸引了众多国内外学者的关注[14,16,29,48,57,115]。随着对水市场建设的不断研究，对于水权交易机制与初始水权分配的研究也逐步兴起[6,18,102,123,157]。研究表明，可交易水权和水市场的建立在提高水资源利用的有效性、公平性和可持续性方面扮演着重要的角色[83,116,190]。经济手段，即水权和水市场已经成为水资源优化配置问题中的一个主要考虑元素[234]。水市场中的水权交易机制已经成为取得区域水资源优化配置的一个重要经济手段，因为其能非常有效地提高水资源分配效率[82]。自 2000 年在海牙召开的世界水论坛部长级会议之后，在水市场和水权的各个方面进行了广泛的研究，例如，理论框架、政策、条例、改革和实践[99,223]。水市场的引入将原来计划配水的框架打破，形成了新的水资源管理机制，并且能够有效地将区域水资源管理局的宏观调控以及市场调节结合起来进行水资源的配置[234]。进入 21 世纪，国内外许多学者进行了关于水市场方面的研究，Zilberman 和 Schoengold 研究了价格与水市场在水资源分配所起的作用[247]；Bjornlund 首先对水市场是否有利于可持续的水利用进行了探索研究[54]，随后通过对澳大利亚的一些实例进行研究，讨论了水市场在日趋增长的水供应风险的情况下能否对灌溉管理起到积极的作用[53]；Garrido 也对水市场的设计以及水交易机制进行相应的解读[100]；石玉波认为水权初分配应反映 6 项原则，即基本需求满足、战略储备、时空先行、尽少改变现状、适度使用以及存有剩量这 6 项原则[20]。

　　与其他一般的商品比较，水资源是不同的，由于具有区域水管理局的宏观调控，因此水市场不能考虑为一个完全市场，但是可以将其考虑为一个类市场，在这个类市场中，区域水管理局的宏观调控可以保证区域水分配的公平性。因此，区域水资源配置问题是一个将区域水资源管理局的宏观调控与水市场调节相结合的规划问题，以实现水资源配置的公平性、有效性和可持续性。由于此规划问题有两类独立决策者的参与，他们存在着相互影响，但又是独立地进行决策，因此此规划问题可以归纳为一个一主多从对策问题，并且此问题为非线性复杂问题，而顶点枚举法、Kuhn-Tucker 条件法或者罚函数法只能有效地解决简单问题。就当前最先进的技术来说，考虑到问题的主从结构，复杂或者大规模问题不能在合理的范围内得到最优解，并且也不能很好地得到持续的运行。智能算法的方法必须根据问题进行定制，因此很难找到一个平常的固定模式[236]，并且采用智能算法都是获得的 Stackelberg 解，它们假设主导层与从属层决策者之间没有任何的交流，同时也没有任何具有约束力的协议，尽管这种协议是现实存在的[206]。然而，现实生活中遇到的很多具有多个从属层决策者的主从对策问题都会有这种情况：两层的决策目标部分依赖于主导层与从属层之间的交互或者合作的程度，尽管信息是不完整的或者模糊的。当考虑人们判断的模糊性时，上下两层的决策者对于他们的目标函数具有模糊的目标[140,143]。由于基于满意解的交互方法是一个处理这类问题的有用的工具，其已经被广泛用于解决主从决策问题[42,145,194,204,212]。这个方法将区域水资源配置问题的主从对策模型转化为单层模型。智能算法普遍地或者至少部分地能够解决精确算法没有办法解决的非线性、非凸性、多模式和离散的问题。粒子群算法在搜索解方面具有很大的优势，因此采用一个改进的粒子群算法，针对基于满意解的交互方法所生成的单层模型进行求解，并运用实际案例来表现求解算法的有效性和实用性。基于市场调控的区域水资源配置一主多从对策模型，不确定环境，求解方法都具有很大的挖掘价值，对此，旨在对该方面问题进行一些探索。

5.1 问题概述

考虑基于市场调控的区域水资源配置问题的一主多从多目标结构，区域水资源管理局和各个子区域为主导层和从属层决策者，区域水资源管理局作为公共利益的代表，全局考虑公共效益对区域社会的有益影响，子区域位于流域上中下游，它们各自追求自身利益最大化，由此，考虑同一流域子区域之间的区域水资源配置计划设计问题。结合宏观调控以及基于市场的区域水资源配置问题的一主多从多目标结构具有两层决策者，即区域水管理局和流域的各个子区域。区域水管理局主要考虑整个区域社会的公共利益,位于流域上中下游的各个子区域,它们独自追求自身利益最大化。基于水权和水市场的水资源分配可以有效地利用整个流域的水资源[223,225]。水权分配和水市场交易的整体步骤可以分为两步:宏观分配和基于市场分配。在宏观分配这一步,区域水管理局采取措施——分配水权用于生态环境维护以及各个子区域以实现两个目标:总社会效益最大化和环境污染最小化。在基于市场的分配步骤,各个子区域再将获得的水权分配给各用水部门(即工业用水部门、居民用水部门和农业用水部门)或者用于在水市场上进行交易以最大化它们自身的经济利益。因为水的市场价格与水的供需相关,它不受区域水管理局的控制,所有决策者的最终收益,包括区域水管理局的收益依赖于主从对策过程的每一个参与者,当区域水管理局做决策时,必须考虑整个决策步骤(见图 5.1)。

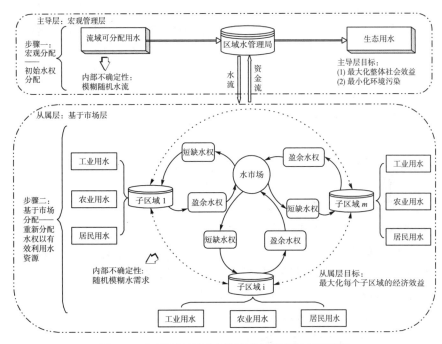

图 5.1　市场调控区域水资源分配问题的模型结构

在水资源管理系统中,不确定存在于多个系统组成部分和它们之间的内部联系当中[43,149]。不确定往往与信息质量中的各种各样的复杂性有关。我们考虑两种关于水流量和用水部门水需求的不确定环境,水流量考虑为一个离散的模糊随机变量,每一个用水部门的需水量考虑为一个随机模糊变量,详细的说明在下面进行讨论。

5.2　优化建模

在基于市场调控的区域水资源配置问题的数学模型之前，首先对基本假定、符号以及不确定变量考虑动机进行详细介绍。

1）基本假定

模型建立在以下假设条件的基础上：

（1）可用的水来自同一流域，子区域的最小水流必须满足最小生态水需求、最大和最小取水量以及用水部门的污水排放系数可知。

（2）主导层区域水资源管理当局与从属层各个子区域水资源管理者合作采取理性的决策，以避免不满意解。

（3）如果实际的水需求大于取水量，那么其中的差额可以通过节约用水或者提高用水效率解决，当子区域取水量大于初始分配水权，那么其需要在水市场购买水；反之，如果取水量小于初始分配水权，其就可以将多余的水拿到水市场去销售以赚取利益。

（4）流域水流量和水需求考虑为模糊随机变量，其参数由历史数据以及专业经验通过数据分析方法确定。

2）符号

建立模型所需要的记号如下：

（1）指标。

i＝水流域的子区域，$i \in \psi = \{1, 2, \cdots, m\}$；

j＝用水的部门，$j \in \Phi = \{1, 2, \cdots, n\}$。

（2）确定参数。

b_{ij}：子区域 i 的用水部门 j 单位用水所获得的收益；

c_{ij}：子区域 i 的用水部门节约单位用水所需的费用；

e：整个流域单位公共水供应所产生的生态效益；

p_j'：用水部门 j 的单位水费；

o_{ij}：子区域 i 用水部门 j 的单位污水排放的生物需氧量；

Nec：子区域 i 用水部门 j 的污水排放系数；

$T_{ij\min}$：子区域 i 的用水部门 j 最小取水量；

$T_{ij\max}$：子区域 i 的用水部门 j 最大取水量；

u：公共水权，其为了保证生态用水；

v：流域最小生态需水量；

θ_i：子区域 i 的最小分配水量；

k，η：水交易价格系数。

（3）不确定参数。

$\bar{Q}$：流域可供分配水量，其为离散的梯形模糊随机变量；

$\tilde{\bar{d}}_{ij}$：子区域 i 的用水部门 j 需水量，其为连续的随机模糊变量。

（4）决策变量。

x_i：子区域 i 的初始分配水权（10^6 m^3），其为主导层决策变量；

y_{ij}：子区域 i 的用水部门 j 取水量（10^6 m^3），其为从属层决策变量。

3）不确定变量的考虑动机以及处理方法

（1）离散模糊随机水流量。

区域水资源管理局的主要责任是决定在各个竞争的用水部门之间如何分配水资源。首先需要考虑未来流域水流量的不确定因素。当未来时间的不确定水流量能够用数量表示，那么资源分配活动就可以进行[215]。由于水流量的波动性，未来的水供应是不确定的。水流量分为 4 种情况：低水位（L）、中低水位（$L-M$）、中水位（M）和高水位（H）。这 4 种情况的发生服从概率分别为 p_L，p_{Lm}，p_m 和 p_H 的概率分布[117,147]。然而，在流域范围内，要获取每一个情况的水流量的具体数值同样比较困难，因此可以将其模糊界定。水流量的数据可以通过对相关专家的采访调查获得，对于水流量水位 t，$e_t = 1, 2, \cdots,$ E_t 代表被调查的专家，他们可以用口述的形式来估测水流量"水流量位于 $a_t^{e_t}$ 和 $d_t^{e_t}$ 之间，其最可能值会在 $b_t^{e_t}$ 和 $c_t^{e_t}$ 之间获得"，其中 t 表示水流水位（$t = L$，$L-M$，M，H）。值得一提的是，专家的口头陈述是基于其多年对于水位的观察经验而获得。对于水流水位 t，我们可以得到 $a_t = \sum\limits_{e_t=1}^{E_t} a_t^{e_t}/E_t, b_t =$ $\sum\limits_{e_t=1}^{E_t} b_t^{e_t}/E_t, c_t = \sum\limits_{e_t=1}^{E_t} c_t^{e_t}/E_t, d_t = \sum\limits_{e_t=1}^{E_t} d_t^{e_t}/E_t$。因此，每一个水位的水流量可以简便地表示为一个梯形模糊数（a_t，b_t，c_t，d_t）。综上，水流量可以考虑为一个离散模糊随机变量。

$$\bar{Q} = \begin{cases} \tilde{Q}_L = (a_L, b_L, c_L, d_L), \text{概率为 } p_L \\ \tilde{Q}_{Lm} = (a_{Lm}, b_{Lm}, c_{Lm}, d_{Lm}), \text{概率为 } p_{Lm} \\ \tilde{Q}_M = (a_M, b_M, c_M, d_M), \text{概率为 } p_M \\ \tilde{Q}_H = (a_H, b_H, c_H, d_H), \text{概率为 } p_H \end{cases}$$

式中，$\tilde{Q}_L$，$\tilde{Q}_{Lm}$，$\tilde{Q}_M$ 和 $\tilde{Q}_H$ 分别表示低水位、中低水位、中水位和高水位。

为了处理模糊随机水流量，首先将其转化为一个梯形模糊变量，称 $\bar{\bar{Q}}$ 为模糊随机变量 $\bar{\bar{Q}}$ 生成变量。根据 Gil 等[103]，对于 $\forall \alpha \in [0, 1]$，存在

$$\inf[\theta(\bar{\bar{Q}})]_a = p_L \inf(\tilde{Q}_L)_a + p_{Lm} \inf(\tilde{Q}_{Lm})_a + p_M \inf(\tilde{Q}_M)_a + p_H \inf(\tilde{Q}_H)_a$$

$$\sup[\theta(\bar{\bar{Q}})]_a = p_L \sup(\tilde{Q}_L)_a + p_{Lm} \sup(\tilde{Q}_{Lm})_a + p_M \sup(\tilde{Q}_M)_a + p_H \sup(\tilde{Q}_H)_a$$

图 5.2 给出了模糊续集变量 $\bar{\bar{Q}}$ 的模糊期望值。

$$E[\bar{\bar{Q}}] = (\inf[\theta(\tilde{\bar{Q}})]_0, \inf[\theta(\tilde{\bar{Q}})]_1, \sup[\theta(\tilde{\bar{Q}})]_1, \sup[\theta(\tilde{\bar{Q}})]_0)$$

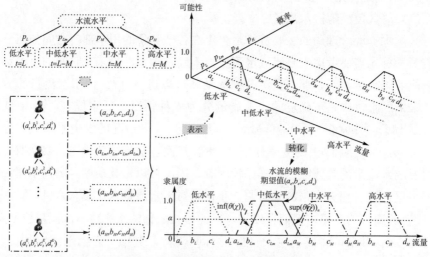

图 5.2　模糊随机水流以及转化过程

（2）随机模糊水需求。

在水资源配置系统当中，用水部门的水需求会根据生活水平的提高、灌溉技术的发展和生产技术的发展而有所变化。水需求经常考虑为一个服从某个概率分布的随机变量，其初始参数由已知的数据获得，或者如果可用的数据不是很充分，可以通过多种曲线方法使其满足一个假设的概率分布。不管我们使用初始的获得数据还是外推的数据，都含有不确定的因素，至少不能保证将来的数据具有同样的趋势。在这种情况下，我们可以采用由 Zadeh 提出的模糊集理论[241]，因为模糊集理论的一个主要特征是处理测量时的不确定和模糊性[91]。例如，基于历史数据，假设子区域 i 的用水部门 j 的水需求服从一个正态分布 $N(\mu_{ij}, \delta_{ij}^2)$。由于新技术的引进，这个水需求可能会降低，但是这个降低的情况无法从历史数据中观察得到。然而通过对有不同经验的专家 $g_{ij} = 1$，

2，…，G_{ij} 的调查，专家 g_{ij} 对这个概率分布的期望值进行模糊评价，比如 "在 l_{ij}^{gij} 和 r_{ij}^{gij} 之间，最有可能位于 $m_{ij}^{l,gij}$ 和 $m_{ij}^{r,gij}$ 之间"。在这种情况下，我们就可以认为这个概率分布的期望值是一个模糊变量 $(l_{ij},m_{ij}^{l},m_{ij}^{r},r_{ij})$，$l_{ij} = \sum_{g_{ij}=1}^{G_{ij}} l_{ij}^{gij}/G_{ij}$，$m_{ij}^{1} = \sum_{g_{ij}=1}^{G_{ij}} m_{ij}^{l,gij}/G_{ij}$，$m_{ij}^{r} = \sum_{g_{ij}=1}^{G_{ij}} m_{ij}^{r,gij}/G_{ij}$，$r_{ij} = \sum_{g_{ij}=1}^{G_{ij}} r_{ij}^{gij}/G_{ij}$，这样水需求就可以考虑为一个随机模糊变量（见图 5.3）。

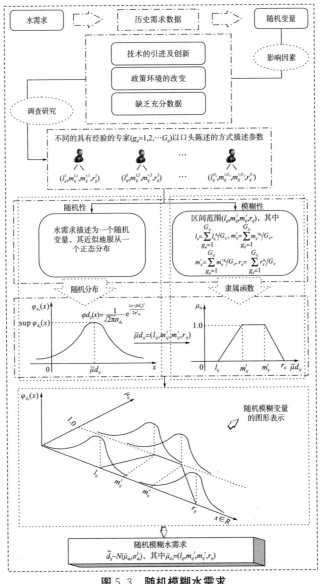

图 5.3　随机模糊水需求

为了处理随机模糊水需求，我们首先将其转化为一个梯形模糊变量。对于随机模糊水需求 $\tilde{d}_{ij}$，其中 i 是子区域指数，j 是用水部门指数。由以上的描述可知，$\tilde{d}_{ij} \sim N(\tilde{\mu}_{ij}, \delta_{ij}^2)$，其中 $\tilde{\mu}_{ij}(l_{ij}, m_{ij}^l, m_{ij}^r, r_{ij})$。通过随机变量的期望值算子 $E^{r[235]}$ 可知：

$$E^r[\tilde{d}_{ij}] = \tilde{\mu}_{ij} = (l_{ij}, m_{ij}^l, m_{ij}^r, r_{ij})$$

为了处理上面生成的模糊变量

$$E[\bar{Q}] = (\inf[\theta(\bar{Q})]_0, \inf[\theta(\bar{Q})]_1, \sup[\theta(\bar{Q})]_1, \sup[\theta(\bar{Q})]_0)(\inf[\theta(\bar{Q})]_0 > 0)$$

和

$$E[\tilde{d}_{ij}] = \tilde{\mu}_{ij} = (l_{ij}, m_{ij}^l, m_{ij}^r, r_{ij})(l_{ij} > 0)$$

采用由 Xu 和 Zhou 提出的模糊度量方法 $Me^{[237]}$，其实一个 Pos 和 Nec 的凸组合。

$$E^{Me}[E[\bar{\bar{Q}}]] = \frac{1}{2}(\inf[\theta(\bar{\bar{Q}})]_0 + \inf[\theta(\bar{\bar{Q}})]_1) +$$

$$\frac{\lambda_1}{2}(\sup[\theta(\bar{\bar{Q}})]_1 + \sup[\theta(\bar{\bar{Q}})]_0 - \inf[\theta(\bar{\bar{Q}})]_0 + \inf[\theta(\bar{\bar{Q}})]_1)$$

$$E^{Me}[E^r[\tilde{d}_{ij}]] = \frac{1}{2}(l_{ij} + m_{ij\,ij}^l) + \frac{\lambda_1}{2}(m_{ij}^r + r_{ij} - l_{ij} - m_{ij}^l,)$$

式中，λ_1，λ_2 是乐观—悲观调节指数，λ_1，$\lambda_2 \in (0, 1)$。

根据之前给定的基本假设、符号以及不确定变量的处理，下面对模型的建立进行详细的描述。

5.2.1 宏观管理层水资源分配

为了依从水资源分配的三原则：有效性、公平性和可持续性，在宏观调控层，区域水管理局作为公众的代表，其将区域和社会利益作为一个整体考虑。在主从对策优化中，区域水管理局首先采取行动——根据经济、环境以及从效率和可持续性的角度出发，分配水权。为了保证公平性，采取合作决策，以保证主导层与从属层两层的满意度。

1）宏观管理层的社会效益和环境污染控制目标

在区域水资源分配问题的管理层，优化目标的多样性（如社会效益以及环境）成为需要考虑的一个重要课题，因此对于区域水管理局来说，很自然地需要同时优化多个目标[89]。也就是说，区域水管理局应有多个目标和评估方案，并且需要考虑多个目标之间的交互问题。基于此观点，在这一层中，水管理局需要考虑两个目标：总社会效益最大化和环境污染最小化。

（1）总社会效益最大化。

区域水资源分配的总社会效益最大化是主导层的第一个目标。区域管理局需要设计一个方案，以有效地分配水资源从而最大化总社会效益。同时，其需要考虑生态维度以避免非可持续分配。总效益由 3 个部分组成：第一个部分是生态效益 eu，其中 e 是指流域中每单位水供应的生态效益参数（单位为 RMB/m^3），u 表示公共水权，此用来反映生态目标（单位为 $10^6 m^3$）；第二部分是指从各子区域收取的水费（即 $\sum\limits_{i=1}^{m}\sum\limits_{j=1}^{m} p'_j y_{ij}$）；第三部分为所有子区域的总的经济效益（即 $\sum\limits_{i=1}^{m} f_i$），其中 f_i 表示子区域 i 的经济效益。因此，宏观管理层的社会效益目标函数 F_1 可以如下表示：

$$\max_{x_i} F_1 = eu + \sum_{i=1}^{m}\sum_{j=1}^{n} p'_j y_{ij} + \sum_{i=1}^{m} f_i \tag{5.1}$$

（2）环境污染最小化。

所有的用水活动都会对环境造成水污染，各个子区域的污水排放量各不相同，为了保护环境，控制水分配过程中的水污染排放非常重要[51]。因此，环境污染最小化是区域水管理局应该考虑的第二个目标。对于环境指标，考虑生态需氧量（BOD），其广泛地应用于描述污水排放和水质情况，因此，BOD 用来描述宏观管理层的第二个目标 F_2，可以描述如下：

$$\max_{x_i} F_2 = \sum_{i=1}^{m}\sum_{j=1}^{n} 0.01 o_{ij} v_{ij} y_{ij} \tag{5.2}$$

2）宏观管理层的水权分配规划约束

在宏观管理层，主要考虑以下三类约束条件。

（1）水供应约束。

流域的总体水量 $E^{Ee}\left[E\left[\bar{\bar{Q}}\right]\right]$ 是有限的，即水供应是有限的，总体的水流量主要用在两个方面：一个是所有子区域的初始水权（即 $\sum\limits_{i=1}^{m} x_i$），另外一个是公共水权（即 u）。因此可以得到如下约束：

$$x_i + u = E^{Me}[E[\bar{\bar{Q}}]] \tag{5.3}$$

除此以外，各个子区域分配给各个用水部门的水量（即 $\sum\limits_{i=1}^{m}\sum\limits_{j=1}^{n} y_{ij}$）不能超过各个子区域获得的水权（即 $\sum\limits_{i=1}^{m} x_i$），因此可以得到：

$$\sum_{i=1}^{m}\sum_{j=1}^{n}y_{ij} \leqslant \sum_{i=1}^{m}x_i \tag{5.4}$$

（2）生态用水约束。

为了保证生态环境的维持，从可持续发展的角度，流域内的最小生态水需求 u 必须得到满足。因此，公共水权 u 必须高于 v，因此可以得到如下不等式约束：

$$u \geqslant v(v > 0) \tag{5.5}$$

（3）子区域初始水权分配约束。

为了保证区域内的发展平衡，流域水资源管理局必须保证分配给各个子区域的最小水量，因此分配给子区域 i 的初始分配水权（即 x_i）必须大于子区域 i 的最小水量需求（即 q_i），因此我们可以得到如下约束：

$$x_i \geqslant q_i(q_i > 0), \forall_i \in \Psi \tag{5.6}$$

5.2.2　基于市场层水资源分配

各个子区域为独立的决策者，他们可以在取水量约束、水交易价格函数、非负条件的基础上独自追求自身的最大化经济效益目标。

1）基于市场层的经济效益目标

对于区域水分配的基于市场层，首先，各个子区域的管理者分配水资源给三类用水部门（即工业用水、居民用水和农业用水部门），其能得到经济效益 $\sum_{j=1}^{n}b_{ij}y_{ij}$。然而，由于有些时候不充分的水供应，所需要的水不能完全得到供应，这就导致需要高额的替代品或者减小区域发展计划[245]。例如，城市居民可能必须减少草坪浇水，工业用水部门可能必须减少商品生产水平或者增加水循环概率，农业用水部门可能没有办法按照计划对农产品进行灌溉。这些行为将导致区域发展过程中成本的增加或者利润的减少，从而对区域的发展产生非常负面的影响，其可以表示为 $\sum_{j=1}^{n}c_{ij}(E^{Me}[E^r[\tilde{d}_{ij}]] - y_{ij})$，其中 $E^{Me}[E^r[\tilde{d}_{ij}]]$ 表示随机模糊变量 $\tilde{d}_{ij}$ 的期望值。有时，区域水管理局分配给某一子区域的初始分配水权比其用水部门的用水量少（即 $x_i - \sum_{j=1}^{n}y_{ij} < 0$），当这种情况发生的时候，这部分缺水可以通过在水市场购买获得。在另一方面，如果 $x_i - \sum_{j=1}^{n}y_{ij} > 0$，子区域的水管理者可以在水市场卖出多余的水，因此就可以产生

一个交易价格 $(x_i - \sum_{j=1}^{n} y_{ij})p(r)$，除此以外，各个子区域需要向区域水管理

局提交水费，其可以表示为 $\sum_{j=1}^{n} p'_j y_{ij}$。

在基于市场层，子区域 i 具有其自身的经济效益最大化目标 f_i，对于子区域 i 来说，合理分配水资源使其成本最小化、利润最大化，因此可以得到区域水分配的基于市场层的各个目标，它们可以表示为：

$$\max_{y_{ij}} f_i = \sum_{j=1}^{n} b_{ij} y_{ij} - \sum_{j=1}^{n} c_{ij}(E^{Me}[E^r[\widetilde{d}_{ij}]] - y_{ij}) - \sum_{j=1}^{n} p'_j y_{ij} +$$
$$(x_i - \sum_{j=1}^{n} y_{ij})p(r), i \in \Psi \tag{5.7}$$

2）基于市场层的取水决策约束

基于市场层的优化目标具有以下三类约束。

（1）水需求约束。

值得一提的是，每个用水部门的最低取水要求需要得到保证，以满足基本的用水需求，同时这也是一种有效的方法避免某个子区域由于水价过高在水市场中出售过量的水权，从而导致水的基本需求得不到满足。最大取水量也可用来约束保证各个用水部门的平衡发展：

$$T_{ij\,\min} \leqslant y_{ij} \leqslant T_{ij\,\max}, \forall_i \in \Psi, j \in \Phi \tag{5.8}$$

为了使水资源得到充分的利用，子区域 i 的用水部门 j 的取水量（即 y_{ij}）不能超过其需求 $E^{Me}[E^r[\widetilde{d}_{ij}]]$，否则那部分多于的水 $E^{Me}[E^r[\widetilde{d}_{ij}]] - y_{ij}$ 就会被浪费掉，为了最大化经济效益，每一个用水部门必须充分利用其分配到的水资源，从而相应的子区域可以销售多于的水。然而，如果使用水满足各个单个用水户的需求比在市场上销售水权获得的效益高，最好的策略就是满足用水部门的水需求，然后销售多余的水。因此，可以得到如下的约束（5.9），以保证不违背上述的关系：

$$y_{ij} \leqslant E^{Me}[E^r[\widetilde{d}_{ij}]], \forall_i \in \Psi, j \in \Phi \tag{5.9}$$

（2）水市场价格函数约束。

水权可以在水市场中进行分配，水权交易价格在水分配决策中起着很重要的作用。由于水资源的特殊属性，水市场不是一个完全竞争市场，然而，水交易价格仍然受到水供应与水需求之间关系的影响。也就是说，当水供应小于水需求时，水价格会提高；当水需求小于水供应时，水价格会降低。由 Fudenberg 和 Tirole 提出的寡头模型[92]可以用来描述水权的交易价格函数

$p(r)=k-\eta r>0$，其中 k 和 η 是水交易价格函数系数（$k>0$，$\eta>0$），r 表示水市场中可用的水，$(x_i - \sum_{j=1}^{n} y_{ij})$ 表示子区域 i 可供在市场上交易的水，因此可得：

$$r = \sum_{i=1}^{m} (x_i - \sum_{j=1}^{n} y_{ij})$$

由此我们可以得到水交易价格函数：

$$p(r) = \kappa - \eta \left(\sum_{i=1}^{m} (x_i - \sum_{j=1}^{n} y_{ij}) \right) > 0, \kappa > 0, \eta > 0 \qquad (5.10)$$

（3）非负约束。

因为取水量非负，因此可以得到约束（5.11）：

$$y_{ij} \geqslant 0, \forall_i \in \Psi, j \in \Phi \qquad (5.11)$$

5.2.3 市场调控全局配水模型

在提出的一主多从多目标的区域水资源配置问题中，基于可用分配水以及子区域的信息，在水供应约束、生态用水约束、子区域初始分配水权约束以及非负逻辑约束的条件下，区域水管理局将选择合适的水权分配方案以达到最大化总社会效益和最小化总污染的目标。从属层各个子区域将在水需求约束、水权价格函数以及非负逻辑约束的条件下，基于其自身经济利益目标采取最优的取水决策。在这个区域水资源配置问题中，区域水管理局以及各个子区域在目标和约束都有相互影响和压制。区域水管理局试图通过水权分配最大化总社会效益和最小化环境污染，而每个子区域只希望寻求自身经济利益最大化，这将导致一种情况：从属层的各个子区域将在流域中取更多的水，因为其将给它们带来更大的经济效益，从而导致水供应约束和生态用水约束不能得到满足。为了处理这种矛盾，通过整合式（5.1）～（5.11），我们可以建立一个结合宏观调控和基于市场的区域水资源配置问题的全局期望值多目标一主多从对策模型：

$$\max_{x_i} F_1 = eu + \sum_{i=1}^{m} \sum_{j=1}^{n} p'_j y_{ij} + \sum_{i=1}^{m} f_i$$

$$\min_{x_i} F_2 = \sum_{i=1}^{m} \sum_{j=1}^{n} 0.01 o_{ij} v_{ij} y_{ij}$$

$$
\text{s. t.}
\begin{cases}
x_i + u = E^{Me}[E[\bar{\tilde{Q}}]] \\[2mm]
\displaystyle\sum_{i=1}^{m}\sum_{j=1}^{n} y_{ij} \leqslant \sum_{i=1}^{m} x_i \\[2mm]
u \geqslant v,(v > 0) \\[2mm]
x_i \geqslant q_i(q_i > 0), \forall_i \in \Psi \\[2mm]
\displaystyle\max_{y_{ij}} f_i = \sum_{j=1}^{n} b_{ij} y_{ij} - \sum_{j=1}^{n} c_{ij}(E^{Me}[E^r[\tilde{\tilde{d}}_{ij}]] - y_{ij}) - \sum_{j=1}^{n} p'_j y_{ij} \\[2mm]
\quad + (x_i - \displaystyle\sum_{j=1}^{n} y_{ij}) p(r), i \in \Psi \\[4mm]
\text{s. t.}
\begin{cases}
T_{ij\,\min} \leqslant y_{ij} \leqslant T_{ij\,\max}, \forall_i \in \Psi, j \in \Phi \\[2mm]
y_{ij} \leqslant E^{Me}[E^r[\tilde{\tilde{d}}_{ij}]], \forall_i \in \Psi, j \in \Phi \\[2mm]
p(r) = \kappa - \eta\Big(\displaystyle\sum_{i=1}^{m}(x_i - \sum_{j=1}^{n} y_{ij})\Big) > 0,(\kappa > 0, \eta > 0 \\[4mm]
y_{ij} \geqslant 0, \forall_i \in \Psi, j \in \Phi
\end{cases}
\end{cases}
$$

$$(5.12)$$

其中 $E^{Me}[E[\bar{\tilde{Q}}]]$ 中的 E 用来将离散的随机模糊变量转化为一个梯形模糊变量，$E^{Me}[E^r[\tilde{\tilde{d}}_{ij}]]$ 中的 E^r 用来将随机模糊变量转化为模糊变量。$E^{Me}[E[\bar{\tilde{Q}}]]$ 和 $E^{Me}[E^r[\tilde{\tilde{d}}_{ij}]]$ 中的 E^{Me} 是由 Xu 和 Zhou 提出的针对解决模糊变量的期望值算子的 Me 方法[237]。

5.3　基于交互的 GLN—aPSO 算法

一主多从多目标规划模型是一个非凸 NP—hard 问题。此外，市场调控的区域水资源配置的问题具有特殊的结构，其有多个从属层决策者，从而就增加了难度。在这种情况下，采用了一种组合方法，首先满意解用来求解提出的问题，而一类改进的粒子群优化算法（IPSO）被用来求解问题的满意解。

5.3.1　基于满意解的交互方法

在提出的结合宏观调控和基于市场的区域水资源配置问题中，存在两个矛盾：一方面，宏观调控层的区域水管理局和基于市场的各个子区域存在矛盾的目标；另一方面，因为规模约束，矛盾也存在于各个子区域之间，因为含有规模约束。为了解决这些矛盾，主导者与从属者更倾向于合作地进行决策。在合作的主从对策规划的许多实例当中，满意解相对于 Stackelberg 解更容易计算，并且能够更高地反映主从对策规划的和合作结构[34,169,196,204,212,243]。在水资源配置的宏观管理层，合作确实存在于区域水资源管理局和子区域之间，因为区域水资源管理局在做决策的时候不仅要考虑自身的满意度，还需要考虑子区域的满意度，否则会导致地区发展不平衡；在水资源配置的基于市场层，各个子区域之间也需要相互合作以同区域水管理局进行交互。因此，采用满意解而非采用 Stackelberg 解是合理的，其具体分为以下两个步骤：

Step 1. 求得满意度函数。

为了获得各个目标的满意度函数，采用目标的隶属度函数来表示。首先，假定 $(\boldsymbol{x}_0^1,\ \boldsymbol{y}_0^1)$, $(\boldsymbol{x}_0^2,\ \boldsymbol{y}_0^2)$, $(\boldsymbol{x}_i,\ \boldsymbol{y}_i)$, $i=1,\ 2,\ \cdots,\ m$ 分别是 $\max\{F_1(\boldsymbol{x},\ \boldsymbol{y})\ |\ (\boldsymbol{x},\ \boldsymbol{y})\in S\}$, $\min\{F_2(\boldsymbol{x},\ \boldsymbol{y})\ |\ (\boldsymbol{x},\ \boldsymbol{y})\in S\}$, $\max\{F_i(\boldsymbol{x},\ \boldsymbol{y})\ |\ (\boldsymbol{x},\ \boldsymbol{y})\in S\}$ 的解，其中 R 是指问题的可行域。那么各个目标的最大值可以通过以下公式获得：

$$F_{1\max} = F_1(\boldsymbol{x}_0^1, \boldsymbol{y}_0^1)$$
$$F_{2\max} = \max_{i=1,2,\cdots,n}\{F_2(\boldsymbol{x}_0^1,\boldsymbol{y}_0^1), F_2(\boldsymbol{x}_i,\boldsymbol{y}_i)\}$$
$$f_{i\max} = f_i(\boldsymbol{x}_i,\boldsymbol{y}_i)$$

各个目标的最小值可以通过以下公式获得：

$$F_{1\min} = \max_{i=1,2,\cdots,m}\{F_1(\boldsymbol{x}_0^2,\boldsymbol{y}_0^2), F_2(\boldsymbol{x}_i,\boldsymbol{y}_i)\}$$
$$F_{2\min} = F_2(\boldsymbol{x}_0^2, \boldsymbol{y}_0^2)$$
$$F_{i\min} = \max_{i=1,2,\cdots,n;j\neq i}\{f_i(\boldsymbol{x}_0^1,\boldsymbol{y}_0^1), F_i(\boldsymbol{x}_0^2,\boldsymbol{y}_0^2), f_i(\boldsymbol{x}_i,\boldsymbol{y}_i)\}$$

由于主导层的两个目标分别是最大化和最小化问题，因此定义以下的线性满意度函数来表述主导层的两个满意度函数：

$$S_0(F_1(\boldsymbol{x},\boldsymbol{y})) = \begin{cases} 1, & F_1(\boldsymbol{x},\boldsymbol{y}) \geqslant F_{1\max} \\ \dfrac{F_1(\boldsymbol{x},\boldsymbol{y}) - F_{1\min}}{F_{1\max} - F_{1\min}}, & F_{1\min} < F_1(\boldsymbol{x},\boldsymbol{y}) < F_{1\max} \\ 0, & F_1(\boldsymbol{x},\boldsymbol{y}) < F_{1\min} \end{cases}$$

$$(5.13)$$

$$S_0(F_2(\boldsymbol{x},\boldsymbol{y})) = \begin{cases} 1, & F_2(\boldsymbol{x},\boldsymbol{y}) \geqslant F_{2\max} \\ \dfrac{F_{2\max} - F_2(\boldsymbol{x},\boldsymbol{y})}{F_{2\max} - F_{2\min}}, & F_{2\min} < F_2(\boldsymbol{x},\boldsymbol{y}) < F_{2\max} \\ 0, & F_2(\boldsymbol{x},\boldsymbol{y}) < F_{2\min} \end{cases}$$

$$(5.14)$$

其中 $F_{h\max}$ 和 $F_{h\min}(h=1,2)$ 是指主导层两个目标函数的最大值和最小值，那么它们的满意度函数值就位于区间 $[0,1]$ 中。

由于从属层的目标是最大化问题，因此定义以下的线性满意度函数来表述从属层的目标函数：

$$S_i(f_i(\boldsymbol{x},\boldsymbol{y})) = \begin{cases} 1, & f_i(\boldsymbol{x},\boldsymbol{y}) \geqslant F_{1\max} \\ \dfrac{f_i(\boldsymbol{x},\boldsymbol{y}) - f_{i\min}}{f_{i\max} - f_{i\min}}, & f_{i\min} < F_1(\boldsymbol{x},\boldsymbol{y}) < f_{i\max} \\ 0, & f_i(\boldsymbol{x},\boldsymbol{y}) < f_{i\min} \end{cases} \quad (5.15)$$

其中 $f_{i\max}$ 和 $f_{i\min}(i=1,2,\cdots,m)$ 表示从属层目标函数的最大值和最小值，那么它们的满意度函数值就位于区间 $[0,1]$ 中。

Step 2. 评价满意解。

在定义了主导层与从属层的满意度函数之后，区域水资源管理局首先指定其最小满意度值 $\lambda_0^1, \lambda_0^2 \in [0,1]$。相似地，从属层的子区域也制定其最小满意度值 $\lambda^i \in [0,1](i=1,2,\cdots,m)$。在区域水管理局的两个目标的满意度大于或等于其最小满意度的情况下，以下公式用来最大化从属层子区域中的较小满意度：

$$\max \lambda$$
$$\text{s. t.} \begin{cases} S_0(F_1(\boldsymbol{x},\boldsymbol{y})) \geqslant \lambda_0^1 \\ S_0(F_2(\boldsymbol{x},\boldsymbol{y})) \geqslant \lambda_0^2 \\ S_i(f_i(\boldsymbol{x},\boldsymbol{y})) \geqslant \lambda, i=1,2,\cdots,m \\ (\boldsymbol{x},\boldsymbol{y}) \in R \end{cases} \quad (5.16)$$

式中，λ 是一个辅助变量，R 是全局模型（5.12）的可行域。假设 $\boldsymbol{X}=(\boldsymbol{x}^*, \boldsymbol{y}^*, \lambda^*)$ 是模型（5.16）的最优解，主导层的两个目标的最小满意度可以得到保证，为了评价模型（5.16）的最优解 $\boldsymbol{X}=(\boldsymbol{x}^*, \boldsymbol{y}^*, \lambda^*)$ 是否为满意解，必须遵循以下的规则：

（1）子区域的最小满意度。

如果对于所有的 $i \in \boldsymbol{\Psi}, S_i(f_i(\boldsymbol{x},\boldsymbol{y}) \geqslant \lambda_i)$，那么其对于从属层来说是一个满意解；如果对于所有的 $i \in \boldsymbol{\Psi}$，不满足 $S_i(f_i(\boldsymbol{x},\boldsymbol{y}) \geqslant \lambda_i)$，那么区域水管理局必须降低其自身的最小满意水平 $\lambda_0^h(h=1,2)$ 来提高子区域的满意度。

（2）双层满意度平衡。

为了得到主导层两个目标的全局满意度，我们将采用由 Sakawa 等[195]提出的加权求和方法，即区域水管理局通过公式 $\sum\limits_{h=1}^{2} w_0^h S_0(F_0^1(\boldsymbol{x},\boldsymbol{y}))$ 来评价求得的解，其中 w_0^1 和 w_0^2 是区域水管理局满意度函数的权重系数，其满足 $\sum_{h=1}^2 w_0^h = 1$，$w_0^h \geqslant 0$。另外，由于比较困难去精确地制定权重系数，但是区域管理局有一部分偏好信息，这一部分信息可以通过一个专门的权重系数向量的集合来表示：

$$W = \left\{ w_0 \,\middle|\, \sum_{h=1}^2 w_0^h = 1; LB^h \leqslant w_0^h \leqslant UB^h; w_0^{h_1} \geqslant w_0^{h_2} + \varepsilon, h_1 \neq h_2 \right\}$$

式中，w_0 是权重系数向量，LB^h 和 UB^h 分别是权重系数 w_0^h 的上、下边界。

基于以上信息，区域水管理局的全局满意度可以由以下的公式表示：

$$\bar{S} = \left[\min_{w_0 \in W} \sum_{h=1}^2 w_0^h S_0(F_h(\boldsymbol{x}, \boldsymbol{y})) + \max_{w_0 \in W} \sum_{h=1}^2 w_0^h S_0(F_h(\boldsymbol{x}, \boldsymbol{y})) \right]/2 \quad (5.17)$$

在结合宏观调控和基于市场的区域水资源配置问题当中，需要考虑区域水管理局各个子区域（主导层和从属层）之间的公平性，以保证各个子区域健康地发展。由于区域水管理局公平地对待每个子区域，因此定义区域水管理局和子区域之间的满意度比率来保证主导层与从属层的满意度平衡，其可以表示为：

$$\Delta = \frac{\min\limits_{i \in \Psi} S_i(f_i(\boldsymbol{x}, \boldsymbol{y}))}{\bar{S}}$$

$$= \frac{2 \min\limits_{i \in \Psi} S_i(f_i(\boldsymbol{x}, \boldsymbol{y}))}{\min\limits_{w_0 \in W} \sum\limits_{h=1}^2 w_0^h S_0(F_h(\boldsymbol{x}, \boldsymbol{y})) + \max\limits_{w_0 \in W} \sum\limits_{h=1}^2 w_0^h S_0(F_h(\boldsymbol{x}, \boldsymbol{y}))}$$

$$(5.18)$$

令 $\Delta_{\min}$ 和 $\Delta_{\max}$ 表示由区域水管理局指定的 Δ 的上、下边界，那么存在两种情况，区域水管理局的两个目标的最小满意度需要进行调整：①如果 $\Delta > \Delta_{\max}$，区域水管理局需要增加其最小满意度 $\lambda_0^h (h = 1,2)$；②如果 $\Delta < \Delta_{\min}$，区域水管理局需要降低其最小满意度 $\lambda_0^h (h = 1,2)$ 以提高从属层的满意度水平。如果模型（5.16）的最优解 $\boldsymbol{X} = (\boldsymbol{x}^*, \boldsymbol{y}^*, \lambda^*)$ 满足以上所有的条件，那么其就是该问题的一个满意解。

5.3.2 GLN-aPSO 算法

通过基于满意解的双层交互方法，解决一主多从多目标规划模型（5.12）的满意解可以通过求解单层规划模型（5.16）得到。然而，模型（5.16）仍然是一个复杂的非线性规划问题，其很难通过精确的算法进行求解，因此接下来，我们通过提出一个改进的粒子群算法来求解该问题，称作全局—局部—临近点自适应粒子群优化算法（GLN－aPSO）。粒子群优化算法最先由 Eberhart 和 Kennedy 提出[84]，其后 Poli 等进行了后续研究，其由一些有机体例如鸟群的社会行为得到启发[181]。实验结果证明，粒子群算法是一个非常有效的工具，因为它快速的收敛速度可以运用到很多领域当中[39,69,124,151,240]。此区域水资源配置问题的 GLN－aPSO 的主要特征在后面将有详细说明。

1）解的表达

对于模型（5.16），每一个解还有三类决策变量：主导层模型的 x_i，$i = 1, 2, \cdots, m$，从属层模型的 y_{ij}，$i = 1, 2, \cdots, m$，$j = 1, 2, \cdots, n$，辅助变量 $\lambda \in [0, 1]$。因此，在提出的 GLN－aPSO 中，每一个粒子可以表示为一串含有 $m + m \times n + 1$ 个浮点数的字符串，即 $\Theta = (\boldsymbol{x}, \boldsymbol{y}, \lambda)$，如图 5.4 所示。

2）适应值

根据基于满意解的交互方法，基于市场调控的区域水资源配置问题转化为解决单层问题（5.16），旨在最大化从属层决策者的较小满意度，因此，将所有的约束条件用 $g_k(\boldsymbol{x}, \boldsymbol{y}, \lambda) \leqslant 0$ 表示，其中 $k = 1, 2, \cdots, K$，K 是约束条件的个数，从而第 ι（$\iota = 1, 2, \cdots, I$）个粒子的适应值可以表示为

$$Fitness(\Theta_\iota) = -\lambda + M \sum_k (0, g_k(\boldsymbol{x}, \boldsymbol{y}, \lambda))^2 \qquad (5.19)$$

其中，$\Theta_\iota = \{\theta_{\iota,1}, \theta_{\iota,2}, \cdots, \theta_{\iota,n+n\times m+1}\}$，$\boldsymbol{x} = \{\theta_{\iota,1}, \theta_{\iota,2}, \cdots, \theta_{\iota,n}\}$，$\boldsymbol{y} = \{\theta_{\iota,n+1}, \theta_{\iota,m+2}, \cdots, \theta_{l_\iota,n+n\times m}\}$，$\lambda = \theta_{\iota,n+n\times m+1}$，$M$ 是一个相当大的数。

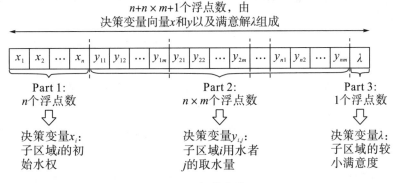

图 5.4　解的表达

3）速度与位置更新

与基本的 PSO 算法不同，GLN－aPSO 可以通过增加局部和靠近临近点的

最优学习方法有效地避免陷入局部最优的情况，在一定数量的邻近粒子当中的最优位置就可以被称作局部最优。靠近临近点的最优位置是由 Veeramachaneni 等提出的一种社会学习行为[218]，其由下面的适应值—距离—比率（FDR）公式决定：

$$FDR = \frac{Fitness(\Theta_\iota) - Fitness(\Theta_o)}{|\theta_{l,d} - \theta_{o,d}|} \tag{5.20}$$

式中，Θ_ι 和 Θ_o 是第 ι 个粒子和第 o 个粒子，并有 $o = 1, 2, \cdots, I$ 且 $o \neq \iota$。

4）GLN−aPSO 算法步骤

求解结合宏观调控和基于市场的区域水资源分配的 GLN−aPSO 算法具有以下几个步骤：

Step 1. 设置代数 $\tau = 1$。

Step 2. 初始化。

Step 2.1. 初始化 GLN−aPSO 的相关参数：粒子群的规模（即 I），最大进化代数（即 T），个体最优位置加速常数 c_p，全局最优位置加速常数 c_g，全局邻近点最优位置加速常数 c_{lb}，靠近邻近点最优位置加速常数 c_b，最大惯性权 $w_{\max}$，最小惯性权重 $w_{\min}$。

Step 2.2. 初始化 GLN−aPSO 的 I 个粒子，每个粒子的解的结构可以表示为 $\{x_1, x_2, \cdots, x_n, y_{1,1}, y_{1,2}, \cdots, y_{1,m}, y_{2,1}, y_{2,2}, \cdots, y_{2,m}, \cdots y_{n,1}, y_{n,2}, \cdots, y_{n,m}, \lambda\}$。

Step 3. 更新粒子速度和位置。

Step 3.1. 对于粒子 ι（$\iota = 1, 2, \cdots, I$），计算其适应值，设置其当前位置为个体最优位置（即 $pbest$）。对于所有的粒子，最优的个体位置设置为全局最优位置（即 $gbest$）；

Step 3.2. $pbest$ 更新：对于粒子 $\iota = 1, 2, \cdots, I$，令第 τ 代的第 ι 的个体最优位置向量为 $\Theta_\iota^{pbest}(\tau)$，其中 $\Theta_\iota^{pbest}(\tau) = \{\theta_{\iota,1}^{pbest}(\tau), \theta_{\iota,2}^{pbest}(\tau), \cdots, \theta_{\iota,n+n\times m+1}^{pbest}(\tau)\}$，如果 $Fitness(\Theta(\tau)) < Fitness(\Theta_\iota^{pbest}(\tau))$，那么令 $\Theta_\iota^{pbest}(\tau) = \Theta_\iota(\tau)$。

Step 3.3. $gbest$ 更新：对于所有的粒子，令第 τ 代的全局最优位置向量为 $\Theta_\iota^{pbest}(\tau)$，其中 $\Theta_\iota^{pbest}(\tau) = \{\theta_{\iota,1}^{gbest}(\tau), \theta_{\iota,2}^{gbest}(\tau), \cdots, \theta_{\iota,n+n\times m+1}^{gbest}(\tau)\}$，如果存在一个粒子 $\iota \in \{1, 2, \cdots, I\}$，$Fitness(\Theta(\tau)) < Fitness(\Theta_\iota^{gbest}(\tau))$，那么令 $\Theta_\iota^{gbest}(\tau) = \Theta_\iota(\tau)$。

Step 3.4. $lbest$ 更新：对于 $\iota = 1, 2, \cdots, I$，令第 τ 代的第 ι 个粒子的局部最优位置向量为 $\Theta_\iota^{lbest}(\tau)$，其中 $\Theta_\iota^{lbest}(\tau) = \{\theta_{\iota,1}^{lbest}(\tau), \theta_{\iota,2}^{lbest}(\tau), \cdots,$

$\theta_{\iota,n+n\times m+1}^{lbest}(\tau)\}$，令第 τ 代的第 ι 个粒子的 N 个邻近粒子的个体最优位置为 $\Theta_i^{nbs,pbest}(\tau)$，对于 $nbs=1$，2，$\cdots$，N，令 $\Theta_\iota^{lbest}(\tau)=\min\{nbs\,|\,\Theta_\iota^{nbs,pbest}(\tau)\}$。

Step 3.5.　*nbest* 生成：对于第 τ 代 $\iota=1$，2，$\cdots$，I，$o=1$，2，$\cdots$，I 和 $d=1$，2，$\cdots$，$n+n\times m+1$，寻找具有最大 *FDR* 的 $\theta_{o,d}(\tau)$ 并且令 $\theta_{\iota,d}^{nbest}(\tau)=\theta_{o,d}(\tau)$，其中 $\theta_{\iota,d}^{nbest}(\tau)$ 是 τ 代第 ι 个粒子第 d 维度的靠近邻近点的最优位置。

Step 3.6.　更新第 ι 个粒子的速度和位置：

$$w(\tau)=rand()\times\frac{\tau}{T}\times(w_{\max}-w_{\min})+w_{\min}$$

$$\begin{aligned}v_{\iota,d}(\tau+1)=&w(\tau)v_{\iota,d}(\tau)+c_p r_1\left[\theta_{\iota,d}^{pbest}(\tau)-\theta_{\iota,d}(\tau)\right]+\\&c_g r_2\left[\theta_{\iota,d}^{gbest}(\tau)-\theta_{\iota,d}(\tau)\right]+c_{\iota b}r_3\left[\theta_{\iota,d}^{lbest}(\tau)-\theta_{\iota,d}(\tau)\right]+\\&c_{nb}r_4\left[\theta_{\iota,d}^{nbest}(\tau)-\theta_{\iota,d}(\tau)\right]\end{aligned}$$

$$\theta_{\iota,d}(\tau+1)=\theta_{\iota,d}(\tau)+v_{\iota,d}(\tau+1)\qquad(5.21)$$

式中，$w(\tau)$ 是第 τ 代的惯性权重，$rand()$ 是区间 $[0，1]$ 中服从均匀分布的随机数，$v_{l,d}(\tau)$ 是第 τ 代第 ι 个粒子第 d 维度的速度，r_1,r_2,r_3,r_4 是服从均匀分布的随机数，其中 $r_1,r_2,r_3,r_4\in[0,1]$；

Step 3.7.　对于第 τ 代，检查每一个粒子的位置值是否超越了边界设定值。为了避免粒子在上下边界周围波动，使其尽快返回可行区间，采用的边界条件设置如下：

$$\theta_{\iota,d}(\tau)=\begin{cases}2\Theta^{\min}(\tau),\theta_{\iota,d}(\tau)<\Theta^{\min}(\tau)\\\Theta^{\max}(\tau),\text{其他}\end{cases}\qquad(5.22)$$

$$v_{\iota,d}(\tau)=-rand()\cdot v_{\iota,d}(\tau),\text{如果}\begin{cases}\theta_{\iota,d}(\tau)<\Theta^{\min}(\tau)\\\theta_{\iota,d}(\tau)>\Theta^{\max}(\tau)\end{cases}\qquad(5.23)$$

其中，$\Theta^{\max}(\tau)$ 和 $\Theta^{\min}(\tau)$ 分别是第 τ 代最大和最小的位置值。

Step 4.　检查是否已经满足了算法停止准则，如果是，停止；否则，令 $\tau=\tau+1$，返回 Step 3。

区域水资源配置问题求解方法的整体步骤见图 5.5。

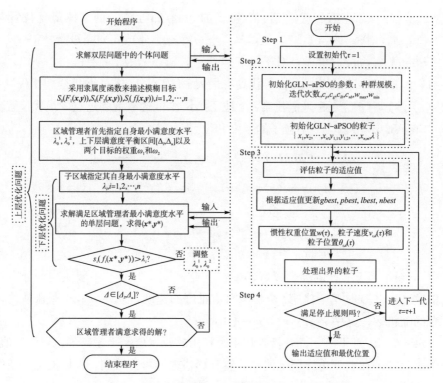

图 5.5 区域水资源分配问题求解方法的整体步骤

5.4 江西灞抚平原水资源配置

以中国江西省抚河流域灞抚平原灌区中的水资源分配规划作为实例，以证明之前优化方法的实用性和有效性。

5.4.1 案例简介

灞抚平原灌区是中国中部江西省最大的调水灌区，该灌区分为4个部分或者说是4个区域，在此分别用 s_1, s_2, s_3, s_4 表示南昌县、进贤县、临川区和丰城市。此区域有足够的降雨，但是水资源短缺问题经常发生在八月份。根据灞抚平原灌区的主要任务，此章主要考虑工业用水、居民生活用水以及农业灌溉用水，其分别表示为 u_1, u_2 和 u_3。灞抚平原的位置以及流域网络如图 5.6 所示。

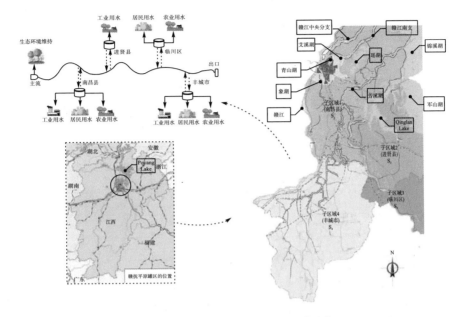

图 5.6　灉抚平原的位置以及流域网络

在此实例中，水市场交易价格函数系数为 $k=6$ 和 $\eta=1.2$（即 $p(r)=6-0.4r(r<15)$），生态用水效率系数为 $25.8\ \mathrm{RMB/m^3}$，最低生态水量为 $3.50\times 10^6\ \mathrm{m^3}$，乐观—悲观调整指数为 $\lambda_1=0.6$ 和 $\lambda_2=0.5$。其他相关的参数见表 5.1。随机模糊水需求和模糊随机水流量分别见表 5.2 和表 5.3。

表 5.1　区域水资源配置中的参数

参数	用水部门 j	子区域 i			
		$i=1$	$i=2$	$i=3$	$i=4$
b_{ij}（RMB/m³）	$j=1$	55.5			58.2
	$j=2$	71.4		68.2	67.8
	$j=3$	23.5	26.4	25.8	24.3
c_{ij}（RMB/m³）	$j=1$	11.5			10.6
	$j=2$	12.8		12.2	13.4
	$j=3$	3.4	2.7	3.1	3.8
$(T_{ij\,\min},\ T_{ij\,\max})$（10⁶ m³）	$j=1$	(3.00，3.42)			(1.85，2.18)
	$j=2$	(2.75，3.30)		(1.05，1.22)	(3.60，4.15)
	$j=3$	(15.50，20.50)	(36.80，48.20)	(43.00，56.80)	(235.50，308.50)

参数	用水部门 j	子区域 i			
		$i=1$	$i=2$	$i=3$	$i=4$
l_{ij} (kg/10^6 m^3)	$j=1$	0.25×10^3			0.30×10^3
	$j=2$	0.12×10^3		0.16×10^3	0.14×10^3
	$j=3$	0.65×10^3	1.00×10^3	0.85×10^3	0.75×10^3
v_{ij}	$j=1$	0.75			0.85
	$j=2$	0.90		0.85	0.80
	$j=3$	0.45	0.55	0.50	0.45
p'_j (RMB/m^3)	$j=1$	1.2	1.2	1.2	1.2
	$j=2$	1.0	1.0	1.0	1.0
	$j=3$	0.2	0.2	0.2	0.2
q_i (10^6 m^3)		25.50	42.80	51.30	268.60

在这个实例中，假设区域水管理局更多地注意到环境污染，因此主导层的第二个目标的满意度拥有更大的权重。并假设每一个目标的权重都不低于 0.3，那么主导层目标的权重集合可以表示为 $\{W|w_1+w_2=1,w_2\ge w_1+0.2,w_1\ge0.3,w_1\ge0.3\}$。主导层决策者区域水资源管理局两个目标的最小满意度水平从区间 $[0.70,0.85]$ 和区间 $[0.40,0.80]$ 中选择。为了保证从属层的公平性，避免出现从属层决策者不满意的情况，从属层的每个子区域的最小满意度水平都定为 0.40（即 $\lambda_i=0.40,i=1,2,3,4$）。为了保证主导层决策管理局和从属层子区域之间的公平性，主导层与从属层的满意度比值的边界设为 0.70 和 0.90（即 $[\Delta_l,\Delta_u]=[0.70,0.90]$），其保证主导层与从属层满意度平衡。

表5.2 随机模糊水需求 $p_d^i(\tau)$ (10^6 m^3)

子区域	用水部门		
	工业用水 ($j=1$)	居民用水 ($j=2$)	农业用水 ($j=3$)
$i=1$	$N(\mu_{11},0.1^2)$，其中 $\mu_{11}=(3.05,3.20,3.60,3.90)$	$N(\mu_{12},0.08^2)$，其中 $\mu_{12}=(3.08,3.20,3.40,3.65)$	$N(\mu_{13},3^2)$，其中 $\mu_{13}=(18.15,22.30,24.46,28.62)$
$i=2$			$N(\mu_{23},4.5^2)$，其中 $\mu_{23}=(38.10,44.85,53.35,60.08)$

子区域	用水部门		
	工业用水 ($j=1$)	居民用水 ($j=2$)	农业用水 ($j=3$)
$i=3$		N (μ_{32}, 0.01^2)，其中 $\mu_{32}=$ (1.18, 1.20, 1.25, 1.37)	N (μ_{33}, 10^2)，其中 $\mu_{33}=$ (44.51, 55.35, 62.58, 70.19)
$i=4$	N (μ_{41}, 0.01^2)，其中 $\mu_{41}=$ (2.00, 2.15, 2.20, 2.35)	N (μ_{42}, 0.02^2)，其中 $\mu_{42}=$ (3.81, 4.15, 4.25, 4.56)	N (μ_{43}, 45^2)，其中 $\mu_{43}=$ (244.09, 300.55, 335.75, 384.90)

表 5.3　梯形模糊随机水流量 $\widetilde{\overline{Q}}$

水流量	概率 p_t	a_t ($10^6 \mathrm{m}^3$)	b_t ($10^6 \mathrm{m}^3$)	c_t ($10^6 \mathrm{m}^3$)	d_t ($10^6 \mathrm{m}^3$)
低水位 ($t=L$)	$p_L=0.45$	295	330	365	385
中低水位 ($t=L-M$)	$p_{LM}=0.30$	395	425	460	485
中水位 ($t=M$)	$p_M=0.15$	495	520	520	580
高水位 ($t=H$)	$p_H=0.10$	585	605	630	655

5.4.2　结果讨论

通过基于满意解的双层交互方法与 GLN-aPSO 结合来说明针对区域水资源分配问题的优化方法的实用性和有效性。通过对 GLN-aPSO 算法的一系列参数设置[213]，最合适的参数选择如下：种群大小＝40，迭代次数＝200，惯性权重 $w_{\max}=1.2$，$w_{\min}=0.2$，位置加速常数 $c_p=1.5, c_g=1.2, c_{lb}=1.0$，$c_{nb}=1.0$。

表 5.4 具有目标函数 $F_1(\boldsymbol{x},\boldsymbol{y})$，$F_2(\boldsymbol{x},\boldsymbol{y})$ 和 $f_1(\boldsymbol{x},\boldsymbol{y})(i=1,2,3,4)$ 的边界值。它们通过 Zimmermann 方法计算获得。由表 5.4 和图 5.7 可以看出，通过公式（5.13）～（5.15）能得到所有目标的满意度函数。

表 5.4　六个目标问题的得益表 (10^6 RMB)

结果	区域水管理局	子区域 1	子区域 2	子区域 3	子区域 4	子区域 5
	$F_1(\boldsymbol{x},\boldsymbol{y})$	$F_2(\boldsymbol{x},\boldsymbol{y})$	$f_1(\boldsymbol{x},\boldsymbol{y})$	$f_2(\boldsymbol{x},\boldsymbol{y})$	$f_3(\boldsymbol{x},\boldsymbol{y})$	$f_4(\boldsymbol{x},\boldsymbol{y})$
$\max F_1(\boldsymbol{x},\boldsymbol{y})$	**11286.15**	<u>1576.494</u>	771.4500	1228.010	1548.766	7548.705
$\min F_2(\boldsymbol{x},\boldsymbol{y})$	<u>10721.90</u>	**1339.831**	885.2700	<u>930.9500</u>	1179.226	<u>6421.515</u>

续表5.4

结果	区域水管理局	子区域 1	子区域 2	子区域 3	子区域 4	子区域 5
	$F_1(\pmb{x},\pmb{y})$	$F_2(\pmb{x},\pmb{y})$	$f_1(\pmb{x},\pmb{y})$	$f_2(\pmb{x},\pmb{y})$	$f_3(\pmb{x},\pmb{y})$	$f_4(\pmb{x},\pmb{y})$
$\max f_1(\pmb{x},\pmb{y})$	11222.55	1549.957	**1137.150**	1076.427	1335.008	7485.402
$\max f_2(\pmb{x},\pmb{y})$	11200.94	1569.864	733.5279	**1490.210**	1304.835	7484.256
$\max f_3(\pmb{x},\pmb{y})$	10757.42	1502.799	811.8740	930.9500	**1589.086**	7420.922
$\max f_4(\pmb{x},\pmb{y})$	10773.35	1529.944	<u>678.4250</u>	931.0220	<u>1165.815</u>	**7812.858**
上边界	11286.15	1576.494	1137.150	1490.210	1589.086	7812.858
下边界	10721.90	1339.831	678.4250	930.9500	1165.815	6421.515

注：粗体表示最优值，带下划线表示最差值。

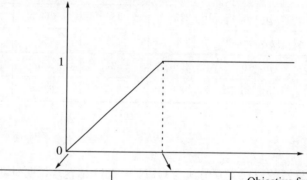

Best solution	Worst solution	Objective function (Allmax type)
11286.15	10721.90	$F_1(\pmb{x},\pmb{y})$
1137.150	678.4250	$f_1(\pmb{x},\pmb{y})$
1490.210	930.9500	$f_2(\pmb{x},\pmb{y})$
1589.086	1165.815	$f_3(\pmb{x},\pmb{y})$
7812.858	6421.515	$f_4(\pmb{x},\pmb{y})$

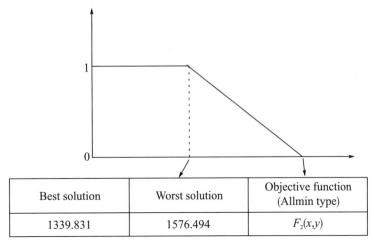

Best solution	Worst solution	Objective function (Allmin type)
1339.831	1576.494	$F_2(x,y)$

图 5.7　六个目标满意度函数

表 5.5 展示了主导层最小满意度水平设置为 $\lambda_0^1 = 0.85$ 和 $\lambda_0^2 = 0.40$ 时的满意解。在这个解中，分配给子区域的水权由区域水管理局决定，获得总社会效益值为 11201.51×10^6 RMB，污染量为 1481.829 kg。由水权以及取水量之间的平衡（即 $x_1 - \sum_{j=1}^{4} y_{ij}$）可知，子区域 1，2 和 3（即南昌县、进贤县和临川区）将出售水权，而子区域 4（即丰城市）将购买水权。对于子区域的满意度，其中最小值是 0.4572，主导层与从属层之间的满意度比值为 0.8201。由此可以看出，不论是区域水管理局或者各子区域，此水资源分配计划都是一个满意的计划，因为其不仅满足了主导层与从属层的最小满意度水平要求，而且也保证了主导层与从属层的满意度平衡。

表 5.5　区域水资源配置问题结果（$\lambda_0^1 = 0.85$，$\lambda_0^2 = 0.40$）

总社会效益	环境污染	子区域	分配水权	取水量 (10^6m^3)			$x_i - \sum\limits_{j=1}^{3} y_{ij}$ (10^6m^3)	满意度	总经济效益
(10^6 RMB)	(kg)	i	(10^6m^3)	$j=1$	$j=2$	$j=3$			(10^6 RMB)
11201.51	1481.829	$i=1$	27.71	3.42	3.30	20.50	0.49	0.4572	888.1414
		$i=2$	63.95			41.04	28.94	0.4572	1186.628
		$i=3$	51.30		1.22	48.82	1.26	0.4572	1359.323
		$i=4$	268.60	2.18	4.15	286.47	-24.20	0.4572	7057.598
$\min\limits_{i \in \Psi} S_i(f_i(x,y)) = 0.4572$									

总社会效益	环境污染	子区域	分配水权	取水量 ($10^6\,\mathrm{m}^3$)	$x_i - \sum\limits_{j=1}^{3} y_{ij}$ ($10^6\,\mathrm{m}^3$)	满意度	总经济效益
$\min\limits_{w_0 \in W} \sum\limits_{h=1}^{2} w_0^h S_0(F_h(x,y)) = 0.5800, w_0^1 = 0.40, w_0^2 = 0.60$ $\min\limits_{w_0 \in W} \sum\limits_{h=1}^{2} w_0^h S_0(F_h(x,y)) = 0.5350, w_0^1 = 0.30, w_0^2 = 0.70$ $\bigg\} \Rightarrow \bar{S} = 0.5575$							
$\Delta = 0.8201$							

灵敏度分析的结果见表5.6，其含有20组粒子的详细结果，其中每一个结果都是通过运行 GLN-aPSO 算法 50 次获得，运行中保留最优结果而摒弃了所有的局部最优结果。区域水管理局的两个目标的最小满意水平取值的 20 个组合（即主导层 λ_0^1 和 λ_0^2）从区间 $[0.70, 0.85]$ 和 $[0.40, 0.80]$ 取得，两个目标的候选值的间隔分别为 0.05 和 0.1。

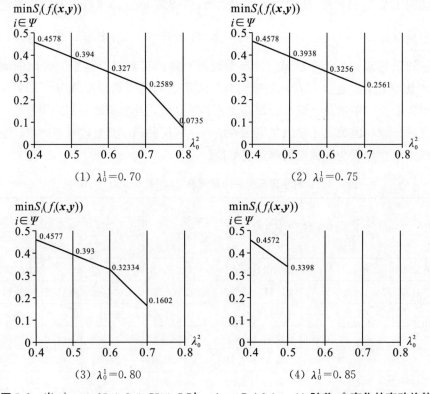

图 5.8 当 $\lambda_0^1 = 0.85, 0.8, 0.75, 0.7$ 时，$\min_{i \in \psi} S_i(f_i(x,y))$ 随着 λ_0^2 变化的变动趋势

从图 5.8 中可以看出，当 $(\lambda_0^1, \lambda_0^2)$ 的候选值为 $(0.85, 0.80)$，$(0.85, 0.70)$，$(0.85, 0.60)$，$(0.80, 0.80)$ 和 $(0.75, 0.80)$ 时，问题没有可行解。由于每一个子区域的最小满意度水平为 0.40（即 $\lambda_i = 0.40, i = 1,2,3,4$），主导层与从属层的满意度比值上下边界为 0.70 和 0.90（即 $[\Delta_l, \Delta_u]$ = $[0.70, 0.90]$），那么只有候选值 $(0.85, 0.40)$，$(0.80, 0.40)$，$(0.75, 0.40)$ 和 $(0.70, 0.40)$ 是可行解，并且能够保证区域水资源配置问题的公平性。在这些候选值中，$(0.85, 0.40)$ 具有较高的主导层区域水管理局满意度，但是从属层决策者的满意度与其他组别的几乎相等。在这种情况下，区域水管理局偏向选择候选值 $(0.85, 0.40)$。由图 5.8 可以看出，给定主导层第一个目标的最小满意度水平的值（即 λ_0^1 = 0.85, 0.80, 0.75, 0.70），那么所有从属层决策者中的最小满意度水平（即 $\min_{i \in \Psi} S_i(f_i(\boldsymbol{x}, \boldsymbol{y})）$）会随着主导层第二个目标最小满意度水平（即 λ_0^2）的增加而持续减小。并且同样能够看出，当 λ_0^2 = 0.80 和 $\lambda_0^1 \geqslant 0.75$ 时，问题没有可行解。进一步地，当 λ_0^2 = 0.8 和 λ_0^1 = 0.70 时，$\min_{i \in \Psi} S_i(f_i(\boldsymbol{x}, \boldsymbol{y}))$ 会得到一个非常小的数值 0.0735。这就表明从属层决策者的经济效益目标与主导层的第二个目标相互竞争，因此，从属层各个子区域如果要获得更多的经济效益，可能会对整个流域造成更大的环境污染。由图 5.9 可以看出，给定主导层第二个目标的最小满意度水平（即 λ_0^2 = 0.80, 0.70, 0.60, 0.50, 0.40）的值，$\min_{i \in \Psi} S_i(f_i(\boldsymbol{x}, \boldsymbol{y}))$ 的值随着主导层的第一个目标的最小满意度水平（即 λ_0^1）的值的增加不会产生很大的变化。这表明在需要将污染控制在一定水平的情况下，从属层子区域的经济效益不会随着总社会效益的增加而增加。以图 5.9 中的图示（1）为例，主导层的第二个目标的最小满意度水平设定为 0.40，主导层的第一个目标的最小满意度水平从 0.70 变化至 0.85，$\min_{i \in \Psi} S_i(f_i(\boldsymbol{x}, \boldsymbol{y}))$ 几乎没有任何变化。因此，$\min_{i \in \Psi} S_i(f_i(\boldsymbol{x}, \boldsymbol{y}))$ 不会朝着主导层第一个目标的最小满意度水平的反方向波动，而更有可能受到主导层第二个目标的最小满意度水平的影响，这有可能是因为主导层的第一个目标包含所有从属层的总经济效益、生态用水效益以及水费，从属层子区域的总社会效益值在总社会效益中占的比重是最大的。由图 5.8 和图 5.9 可以明显地看出，每一个子区域的总经济效益与主导层的环境污染最小化目标相互矛盾。

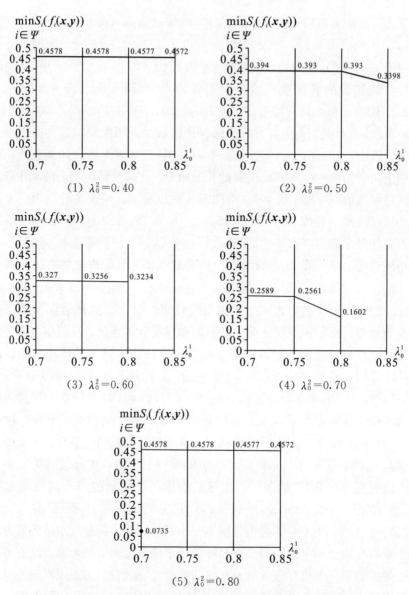

图 5.9 当 $\lambda_0^2 = 0.40$，0.50，0.60，0.70，0.80 时，
$\min_{i \in \Psi} S_i(f_i(\boldsymbol{x}, \boldsymbol{y}))$ 随着 λ_0^1 变化的变动趋势

表 5.6　针对区域水管理局的最小满意度的灵敏度分析

候选值 λ_0^1	λ_0^2	$F_1(x,y)$ $S_0(F_1)$	$F_2(x,y)$ $S_0(F_2)$	$\bar{S}$	$f_1(x,y)$ $S_i(f_1)$	$f_2(x,y)$ $S_i(f_2)$	$f_3(x,y)$ $S_i(f_3)$	$f_4(x,y)$ $S_i(f_4)$	$\min_{i\in\psi} S_i(f_i)$	Δ	r	w	$p(r)$
0.85	0.80								Infeasible				
	0.70								Infeasible				
	0.60								Infeasible				
	0.50	11201.51 (0.8500)	1458.163 (0.5000)	0.6225	834.2911 (0.3398)	1120.976 (0.3398)	1445.987 (0.6619)	6894.267 (0.3398)	0.3398	0.5459	0.00	31.50	6.00
	0.40	**11201.51** (**0.8500**)	**1481.829** (**0.4000**)	**0.5575**	**888.1414** (**0.4572**)	**1186.628** (**0.4572**)	**1359.323** (**0.4572**)	**7057.598** (**0.4572**)	**0.4572**	**0.8201**	**0.46**	**23.84**	**5.82**
0.80	0.80								Infeasible				
	0.70	11173.30 (0.8000)	1410.830 (0.7000)	0.7350	771.4501 (0.2028)	1020.525 (0.1602)	1466.426 (0.7102)	6644.362 (0.1602)	0.1602	0.2180	0.00	45.74	6.00
	0.60	11173.30 (0.8000)	1434.496 (0.6000)	0.6700	826.7712 (0.3234)	1111.808 (0.3234)	1302.696 (0.3234)	6871.459 (0.3234)	0.3234	0.4827	0.23	37.54	5.91
	0.50	11173.30 (0.8000)	1458.162 (0.5000)	0.6050	858.7025 (0.3930)	1150.738 (0.3930)	1332.159 (0.3930)	6968.309 (0.3930)	0.3930	0.6496	1.03	29.84	5.59
	0.40	**11173.30** (**0.8000**)	**1481.829** (**0.4000**)	**0.5400**	**888.4077** (**0.4577**)	**1186.952** (**0.4577**)	**1359.568** (**0.4577**)	**7058.408** (**0.4577**)	**0.4577**	**0.8476**	**1.82**	**22.68**	**5.27**

续表5.6

候选值		$F_1(x,y)$ $S_0(F_1)$	$F_2(x,y)$ $S_0(F_2)$	$\bar{S}$	$f_1(x,y)$ $S_i(f_1)$	$f_2(x,y)$ $S_i(f_2)$	$f_3(x,y)$ $S_i(f_3)$	$f_4(x,y)$ $S_i(f_4)$	$\min_{i\in\Psi} S_i(f_i)$	Δ	r	w	$p(r)$
λ_0^1	λ_0^2												
0.75	0.80								Infeasible				
	0.70	11145.09 (0.7500)	1410.830 (0.7000)	0.7175	795.9038 (0.2561)	1074.176 (0.2561)	1274.214 (0.2561)	6777.836 (0.2561)	0.2561	0.3569	0.82	43.89	5.67
	0.60	11145.09 (0.7500)	1434.496 (0.600)	0.6525	827.7973 (0.3256)	1113.059 (0.3256)	1303.642 (0.3256)	6874.571 (0.3256)	0.3256	0.4990	1.61	36.20	5.36
	0.50	11145.09 (0.7500)	1458.162 (0.500)	0.5875	859.0934 (0.3938)	1151.214 (0.3938)	1332.520 (0.3938)	6969.494 (0.3938)	0.3938	0.6703	2.17	28.66	5.01
	0.40	**11158.72 (0.7742)**	**1481.829 (0.4000)**	**0.5310**	**888.4401 (0.4578)**	**1186.993 (0.4578)**	**1359.598 (0.4578)**	**7058.355 (0.4578)**	**0.4578**	**0.8621**	**2.49**	**22.12**	**5.00**
0.70	0.80	11116.87 (0.7000)	1387.163 (0.8000)	0.7650	875.7687 (0.4302)	972.0467 (0.0735)	1218.336 (0.1241)	6743.024 (0.2311)	0.0735	0.0961	1.19	47.20	5.52
	0.70	11116.87 (0.7000)	1410.830 (0.7000)	0.7000	797.1682 (0.2589)	1075.717 (0.2589)	1275.381 (0.2589)	6781.670 (0.2589)	0.2589	0.3699	2.17	42.49	5.13
	0.60	11116.88 (0.7000)	1434.271 (0.6010)	0.6350	828.4344 (0.3270)	1113.836 (0.3270)	1304.231 (0.3270)	6876.504 (0.3270)	0.3270	0.5150	2.92	34.95	4.83
	0.50	11122.07 (0.7000)	1458.162	0.5756	859.1853	1151.326	1332.605	6969.773	0.3940	0.6845	3.41	27.74	4.64

续表5.6

候选值		$F_1(\boldsymbol{x}, \boldsymbol{y})$	$F_2(\boldsymbol{x}, \boldsymbol{y})$	$\overline{S}$	$f_1(\boldsymbol{x}, \boldsymbol{y})$		$f_2(\boldsymbol{x}, \boldsymbol{y})$		$f_3(\boldsymbol{x}, \boldsymbol{y})$		$f_4(\boldsymbol{x}, \boldsymbol{y})$		$\min_{i \in \Psi} S_i(f_i)$	Δ	r	w	$p(r)$
λ_0^1	λ_0^2	$S_0(F_1)$	$S_0(F_2)$		$S_i(f_1)$		$S_i(f_2)$		$S_i(f_3)$		$S_i(f_4)$						
		(0.7092)	(0.5000)		(0.3940)		(0.3940)		(0.3940)		(0.3940)					
	0.40	11158.72	1481.829	0.5310	888.4401		1186.993		1359.598		7058.355	0.4578	0.8621	2.49	22.12	5.00
		(0.7742)	(0.4000)		(0.4578)		(0.4578)		(0.4578)		(0.4578)					

注：1. 加粗部分表示案例可行解；2. $r = \sum\limits_{i=1}^{4} \left(x_i - \sum\limits_{j=1}^{3} y_{ij} \right)$。

从表 5.6 中可以看出，当水市场中的可用水量增加时，水价格下降，各个子区域在水市场价格较低的情况下对结果更加满意。从表 5.6 和图 5.10 可以看出，给定区域水管理局的第一个目标（即总社会效益目标）的最小满意度值，当其第二个目标（即环境污染控制目标）的最小满意度值增加，水价格将会提高。众所周知，废水来自使用的水（即取水），环境污染控制目标最小满意度值的增加意味着取水量的减小。从表 5.6 中还可以看出，环境污染控制目标的最小满意度值越大，水市场上的可用水越少，这就意味着可以分给子区域的水权越少。在这种情况下，每个子区域拥有更少的水权，只能使用较少的水或者必须以更高的价格在水市场里面购买水，因此求得的子区域的最小满意度值越小，这也验证了子区域的经济目标与区域水管理局的环境污染控制目标相冲突。从表 5.6 和图 5.10 可以看出，给定区域水管理局的环境污染控制目标的最小满意度值，当总社会效益的最小满意度值增加，水市场中的可用水减少，水市场的水价格将会提高，然而生态用水 w 变化较小，从主导层的水供应约束可以看出，各个子区域的水权变化较小，因此各个子区域会使用较多的水，而不会将水权拿到水市场上去卖。在这种情况下，各个子区域使用较多的水，在水市场上卖出较少的水，因此求得的各个子区域的最小满意度值变化比较小。

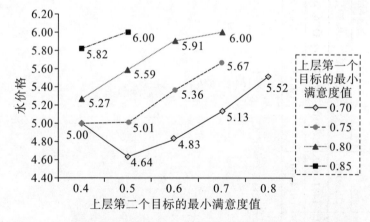

图 5.10　水价格随着主导层两个目标的最小满意度值变化的变动趋势

5.4.3　模型比较

传统的区域水资源分配问题的优化经常采用单层模型，其仅仅考虑主导层管理局的目标而不考虑从属层各个子区域的目标，单层多目标规划可以表示如下：

$$\max_{x_i,y_{ij}} F_1 = eu + \sum_{i=1}^{n} \Big\{ \sum_{j=1}^{m} b_{ij} y_{ij} - \sum_{j=1}^{m} c_{ij} (E^{Me}[E^r[\widetilde{\widetilde{d}}]] - y_{ij}) + (x_i - \sum_{j=1}^{n} y_{ij}) p(r) \Big\}$$

$$\min_{x_i,y_{ij}} F_2 = \sum_{i=1}^{n} \sum_{j=1}^{m} 0.01 o_{ij} v_{ij} y_{ij}$$

$$\text{s. t.} \begin{cases} x_i + u = E^{Me}[E[\widetilde{\overline{Q}}]] \\ \sum_{i=1}^{m} \sum_{j=1}^{n} y_{ij} \leqslant \sum_{i=1}^{m} x_i \\ u \geqslant v, \ v > 0 \\ x_i \geqslant q_i (q_i > 0), \forall_i \in \Psi \\ T_{ij\,\min} \leqslant \underset{y_{ij}}{y_{ij}} \leqslant T_{ij\,\max}, \forall_i \in \Psi, j \in \Phi \\ y_{ij} \leqslant E^{Me}[E^r[\widetilde{\widetilde{d}}]], \forall_i \in \Psi, j \in \Phi \\ p(r) = \kappa - \eta \big(\sum_{i=1}^{m} (x_i - \sum_{j=1}^{n} y_{ij}) \big) > 0, \ \kappa > 0, \eta > 0 \\ y_{ij} \geqslant 0, \forall_i \in \Psi, j \in \Phi \end{cases} \quad (5.24)$$

为了进行公平的比较，我们采用以下相同的交互方法来处理一主多从多目标问题和单层多目标问题：

（1）一主多从多目标问题。

$$\max \lambda$$
$$\text{s. t.} \begin{cases} S_0(F_h(\boldsymbol{x},\boldsymbol{y})) \geqslant \lambda, h = 1,2 \\ S_i(f_i(\boldsymbol{x},\boldsymbol{y})) \geqslant \lambda, i = 1,2,\cdots,n \\ (\boldsymbol{x},\boldsymbol{y}) \in R \end{cases} \quad (5.25)$$

其中，$S_0(F_h(\boldsymbol{x},\boldsymbol{y})) \geqslant \lambda, h=1,2$，$S_i(f_i(\boldsymbol{x},\boldsymbol{y})) \geqslant \lambda, i=1,2,\cdots,n$ 通过式（5.13）～式（5.15）中描述的方法产生，R 表示模型（5.12）的可行域，λ 是一个辅助变量。

（2）单层多目标问题。

$$\max \lambda'$$
$$\text{s. t.} \begin{cases} S_0'(F_h(\boldsymbol{x},\boldsymbol{y})) \geqslant \lambda, h = 1,2 \\ (\boldsymbol{x},\boldsymbol{y}) \in R \end{cases} \quad (5.26)$$

其中 $S_0'(F_h(\boldsymbol{x},\boldsymbol{y})) \geqslant \lambda, h=1,2$ 通过式（5.13）～式（5.15）中描述的方法产生，R' 表示模型（5.24）的可行域，λ' 是一个辅助变量。

表 5.7 展示了解决同一个案例的主从对策模型和单层模型的比较结果。从结果可以看出，尽管单层模型可以获得一个水分配方案，并且这个分配方案具

有较高的社会效益和较低的环境污染，但是所有从属层子区域的满意度都相当小，特别是子区域2的满意度值（即0.0644）。两层的满意度比值是0.0840。这表明单层问题保证了一定水平的社会重效益并且也控制了环境污染，但是并没有考虑各个子区域的经济发展。实际上，各个子区域的总经济效益是总社会效益的一部分，在单层规划中尽管各个子区域的经济效益在一个较低的水平，但是总社会效益可以维持在一定水平的原因是区域水管理局将更多的水权用于生态保护。在单层问题当中，用作生态用水的水量是 47.2×10^6 m³，在主从对策问题中，这个值是 23.9×10^6 m³。这两个值都大于最低生态维持的水量（3.5×10^6 m³）。然而在缺水时期，在满足了生态用水的需求之后，水可以自由地用作工业用水、居民用水和农业用水目的，因此，使用主从对策模型更加符合实际情况，总而言之，使用所提出的主从对策模型来进行水分配规划是更加合理的。

表5.7　一主多从模型与单层模型的比较

问题	总社会效益 (10^6RMB) (SD)	总污染 (kg) (SD)	$\bar{S}$	总经济效益 (SD)				$\min\limits_{i \in \Psi} S_i$ $(f_i(\boldsymbol{x}, \boldsymbol{y}))$	Δ
				$i=1$	$i=2$	$i=3$	$i=4$		
主从对策模型	11143.69 (0.7475)	1473.247 (0.4363)	0.5608	878.5487 (0.4363)	1174.933 (0.4363)	1350.471 (0.4363)	7028.503 (0.4363)	0.4363	0.7780
单层模型	11154.35 (0.7664)	1395.113 (0.7664)	0.7664	771.4500 (0.2028)	966.9500 (0.0644)	1286.884 (0.2860)	6821.126 (0.2872)	0.0644	0.0840

5.4.4　管理建议

由前面的分析可以看出，基于市场调控的区域水资源配置—主多从多目标规划能够有效地求解实例问题。基于以上结果，可以对区域水管理局提出以下两点建议：①区域水管理局必须考虑从属层子区域对于区域水资源规划的偏好来实现自身的目标（总社会效益最大化和总环境污染最小化），因为这些目标的获得不仅基于区域水管理局的水权规划，也与各个子区域的取水决策息息相关。进一步地，区域水管理局如果不考虑从属层各个子区域的决策，将导致从属层各子区域发展不平衡。因此，区域水资源规划需要使用主从对策规划求得，而不能使用单层问题求解。②由结果分析可知，区域水管理局的环境污染目标与从属层各个子区域的经济效益目标相互竞争、相互矛盾，因此区域水管理局需要制定政策（比如，提高工业生产技术以及农业排水灌溉技术水平、鼓励居民节约用水）以提高用水效率，从而降低每一单位用水所产生的废水量，在这种情况下，在一定量的污水排放下，各个子区域的经济效益和整个流域的社会效益都会提高。

5.5　小结

本章引入水权和水市场，建立了将宏观调控和基于市场相结合的区域水资源配置问题的多目标—主多从对策模型，主导层决策者为区域水管理局，其通过分配初始水权至各个子区域来优化两个目标：总社会效益最大化和总污染最小化；从属层决策者为各个子区域水管理者，其通过分配水资源给各个用水部门或者将水权用于市场上进行交易，从而最大化自身的经济效益。模型中考虑两类不同的不确定变量：离散的随机模糊变量用来描述流域水流量，连续的随机模糊变量用来描述水需求。为了处理这些不确定变量，需要进行两个步骤：第一步将随机模糊水流量和随机模糊水需求转化成为模糊区间，第二步运用期望值算子处理由第一步产生的模糊区间。根据主从对策模型的特征，考虑两层的满意度平衡从而保证区域水资源配置的公平性，采用了一类基于满意解的双层交互方法结合全局—局部—邻近点自适应粒子群算法作为求解方法。最后，用一个实例验证了优化方法的有效性。

第6章 结 语

　　水资源的分配管理对于解决水资源匮乏、有效控制水污染具有非常重要的意义。如何正视区域水资源配置面临的问题，抓住特殊环境下区域水资源配置的特点，并有效解决新环境下区域水资源配置问题是一项有意义的研究。其研究成果可以帮助区域水资源管理部门进行更加有效的决策，也能提高水资源利用率，控制水环境污染，促进环境的可持续发展。本书以区域水资源配置为研究对象，结合其层次性、多目标性、不确定性等特点，综合考虑水资源分配过程中各环节决策主体之间的二层结构，以水资源分配方向为依据，利用主从对策模型来帮助优化区域水资源的分配问题。研究中同时考虑了研究问题的层次性、多目标性、不确定性，建立了不确定区域水资源分配—主多从对策模型体系，并针对实际问题特点，采用了相应的不确定转化方法，设计了相应的模型求解算法。

6.1 主要工作

　　本书对区域水资源分配的不确定—主多从对策模型及应用进行了深入研究。其中包括基于缺水控制的随机模糊—主多从对策模型、基于供需分析的随机模糊—主多从对策模型、基于市场调控的混合不确定多目标—主多从对策模型，通过上述模型在区域水资源配置问题中的应用，能够帮助决策者理清其所在的决策层次，并帮助决策者制定更加合理有效的决策方案，从而实现提高水资源利用效率、节约水资源、控制污染、促进公平分配等目的，如图 6.1 所示。同时，也丰富和发展了不确定决策理论、主从对策理论以及相关求解算法的研究。具体而言，研究工作主要有以下几个方面：

　　（1）讨论了基于缺水控制的区域水资源配置问题，关于配水的社会效益的度量很多，其中缺水量的大小也可以直接反映配水的社会效益。因此，建立了一个基于缺水控制的区域水资源配置的一主多从对策模型，区域水资源管理者作为领导层决策者（主导者）将缺水量最小化作为区域水管理局的决策目标，其对公共水资源在子区域之间的分配做决策，决定分配给每一个子区域的公共水源的水资源量，每一个子区域就可以得到一定数量的水。然而在缺水时节，这一部分水不一定能满足其水资源需求，这时就会产生缺水的情况，区域水资源的目的就是最小化所有子区域的缺水总和。各个子区域作为从属层决策者（从属者），在获得水资源之后将其进行再分配以满足自身用水部门的用水需求，从而实现各自经济效益最大化的目标。在进行问题讨论时，分析了水资源系统中由于历史数据不充足和未来环境难预料带来的不确定性，将单位经济效益、水源供水能力以及水需求考虑为随机模糊变量，建立了具有期望值目标机会约束的随机模糊一主多从分配模型，通过对具有期望值目标机会约束随机模糊一主多从对策问题一般模型的讨论，将不确定模型转化成了可以计算的确定型模型。然后设计了基于混沌的自适应粒子群最优和基于熵-铂尔曼选择的遗传算法相结合的混合智能算法。其中，粒子群最优用于产生领导层模型的解并进行更新，遗传算法用于求解从属层决策模型的最优解。最后，以咸阳市的区域水资源配置问题为实例，讨论了模型与求解方法的实际应用，验证了优化方法的有效性。

（2）讨论了基于供需分析的区域水资源配置问题，区域内水的供给量和需求量存在着多种关系，对于不同的供需关系，子区域的水管理者分别采用不同的配水原则进行配水，同时整个区域的区域水管理局在配水时主要考虑各个子区域的公平性，因此形成了一个基于供需分析的区域水资源配置一主多从对策模型。主导层决策者为区域水管理局，其目的是通过对子区域间的配水实现公平性最大化；而从属层决策者为各个子区域水管理者，其根据不同的供需关系，采用不同的原则进行配水，实现经济效益最大化的目标。在此问题中，分析水分配系统的不确定性，将调水损失率考虑为一个随机模糊变量，由于随机模糊变量的不可计算性，首先将随机模糊变量转化为一个梯形模糊数，然后采用期望值算子将梯形模糊数转化为一个确定值。针对问题的求解，设计了改进的人工蜂群算法对转化成的模型进行求解。最后，以四川渠江盆地的区域水资源配置问题为例，讨论了模型与算法的实际应用，论证模型及算法的有效性。

（3）讨论了基于市场调控的区域水资源配置问题，引入水市场是促进水资源分配、节约水资源的重要举措，因此水资源分配问题中的市场调控是建模的切入点，由此建立了一个基于市场调控的区域水资源配置多目标一主多从对策模型。区域水资源管理局作为领导层决策者（主导者），在保证流域生态用水的条件下，进行子区域间初始水权的分配，以实现最大化经济效益和最小化水资源污染的多个优化目标；各个子区域水管理者作为从属层决策者（从属者），旨在最大化自身总的经济效益，在受到初始水权之后，会采取如下决策：分多少给自身用水部门，去水市场买水还是卖水。由于在水市场卖水仍然能够产生经济效益，因此会促使各个子区域采取节水政策，以便其能拿出更多的水去市场上进行买卖，由此产生更多的经济效益。通过分析分配系统中的不确定环境，这一部分将可用水量考虑为一个离散的随机模糊变量，而各个子区域用水部门的水需求考虑为一个连续的随机模糊变量，因此，这部分考虑的是一个混合不确定环境，采用了两步法对不确定进行了处理，将不确定变量转化成可计算的确定形式。对于此配置问题，采用了基于满意解的二层交互方法与GLN-aPSO算法相结合求解方法对问题进行求解，最后将模型与求解方法运用于江西灨抚平原的实例中，验证了的模型与算法的实用性和有效性。

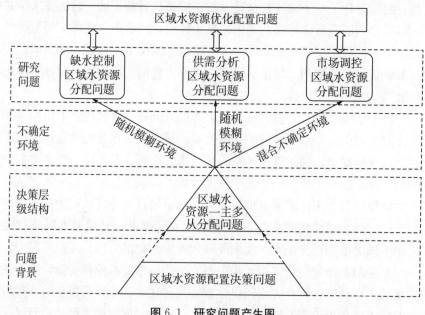

图 6.1　研究问题产生图

6.2　本书创新

本书以水资源管理理论为指导，以决策科学理论为主要工具，以智能算法为主要技术，以实际决策问题为主线，以区域水资源分配问题为研究对象。该研究对象决定了本书必须以水资源管理理论为指导，才能保证研究具有实际意义。区域水资源分配不确定模型包括随机模糊与随机模糊不确定性的描述，并且需要针对不确定变量的性质进行讨论，将其转化为可以运算的对应的确定型变量，模型中考虑了不同决策者的主从关系，从而建立了一主多从对策模型，在基于市场调控的区域水资源配置问题中，考虑了决策者的多个决策目标以及多个从属决策者的情况，建立了一主多从多目标规划模型。这样的模型难以用普通方法找到最优解，因此必须借助智能算法求解技术。

本书创新主要表现在如下几个方面：

（1）主从对策规划建模。在传统的区域水资源分配模型中，大多数的模型只考虑单个决策者，即为单层决策，忽略了其他决策参与者的影响，以前的决策只单纯地考虑区域水资源管理局的决策，而忽略了子区域水管理者的决策。本书将他们考虑为主从对策问题中的主导层决策者以及从属层决策者，在不同的区域水资源配置问题中有可能存在不同的配置目标，从而形成单目标或者多目标一主多从对策模型，这对于区域水资源管理问题的建模来说是一个创新。

（2）不确定现象。水资源分配系统中存在着复杂的、双重的不确定性，主要存在两类不同的不确定情况：模糊与随机。在某些情况下，很难采用简单的单个模糊或者单个随机的变量对环境进行描述，而需要同时考虑环境中模糊与随机集合的双重不确定情况。本书根据实际情况对区域水资源配置模型中的某些参数进行双重不确定的描述，包括水流、调水损失率的模糊随机性，水需求、用水效益以及供水能力的随机模糊性，并全面展示了处理这些双重不确定的方法。

（3）智能算法。本书针对不确定的一主多从对策规划模型，设计了改进的遗传算法、粒子群算法、人工蜂群算法或其相结合的方法，并根据模型的特点，设计改进了表达方式和更新方式，在实证应用中取得了良好的效果。

（4）应用研究。本书对于基于缺水控制的区域水资源分配问题采用了陕西省咸阳市的实例进行了研究；对于基于供需分析的区域水资源分配问题，本书采用了四川省渠江盆地的实例进行了研究；对于基于市场调控的区域水资源分配问题采用了江西省灊抚平原的实例进行了研究。这些实例的应用研究展示了如何将理论的模型和算法应用到实际的决策问题中，同时验证了模型和算法的有效性和现实可操作性。综上所述，本书根据实际需求，展开了对新模型的研究，进而触发了新算法的设计，而新模型和算法又需要投入到实践中进行可行性和有效性的验证。本书创新点是层层深入、相互联系的。本书提出的决策模型和算法对于实际的区域水资源配置问题有着一定的指导意义，对于不确定理论、一主多从对策规划理论以及算法研究也有着积极的推动作用。

6.3　后续研究

对于不确定一主多从对策规划的研究还处于深入发展阶段，许多问题都需要进一步探讨，例如：①不确定一主多从对策模型的求解算法，包括算法收敛条件、稳定性的讨论；②不确定一主多从对策模型性质的研究，如最优性检验、不确定一主多从对策模型的转化条件等。

对于区域水资源分配问题的研究也有很多值得深入探究的问题，例如：①考虑动态多阶段区域水资源配置问题；②研究区域水资源分配问题的决策支持系统、知识系统；③改进或提出更有效的算法来求解区域水资源分配问题。

附录 A　定理的数学形式证明

【证明 A.1】根据连续随机模糊变量的期望值，可知

$$E \mid \xi \mid = \int_0^{\infty} \mathrm{Pr}\{\omega \in \Omega \mid E[\xi(\omega)] \geqslant t]\}\mathrm{d}t - \int_{-\infty}^0 \mathrm{Pr}\{\omega \in \Omega \mid E[\xi(\omega)] \leqslant t]\}\mathrm{d}t$$

(A.1)

由于 $\xi \sim N(\widetilde{\mu}, \sigma^2)$，显然地可得 $E[\xi(\omega)] = \widetilde{\mu}$，由于 $\widetilde{\mu}$ 是一个具有隶属函数（3.20）的 $L-R$ 模糊变量，从而有

$$Cr\{\omega \mid \xi(\omega) \geqslant t\} = \begin{cases} 1, & t \leqslant u - \alpha \\ 1 - \dfrac{1}{2}L\left(\dfrac{u-t}{\alpha}\right), & u - \alpha \leqslant t < u \\ \dfrac{1}{2}R\left(\dfrac{t-u}{\beta}\right), & u \leqslant t \leqslant u + \beta \\ 0, & t > u + \beta \end{cases}$$

和

$$Cr\{\omega \mid \xi(\omega) \leqslant t\} = \begin{cases} 1, & t \leqslant u - \alpha \\ 1 - \dfrac{1}{2}L\left(\dfrac{u-t}{\alpha}\right), & u - \alpha \leqslant t < u \\ \dfrac{1}{2}R\left(\dfrac{t-u}{\beta}\right), & u \leqslant t \leqslant u + \beta \\ 1, & t > u + \beta \end{cases}$$

根据连续随机模糊变量期望值的定义，可得

$$\int_{-\infty}^0 Cr\{\omega \mid \xi(\omega) \leqslant t]\}\mathrm{d}t = 0$$

和

$$\begin{aligned} E[\widetilde{u}(\omega)] &= \int_0^{+\infty} Cr\{\omega \mid \xi(\omega) \geqslant t]\}\mathrm{d}t - \int_{-\infty}^0 cr\{\omega \mid \xi(\omega) \leqslant t]\}\mathrm{d}t \\ &= \int_0^{u-a} 1\mathrm{d}t + \int_{u-a}^u \left[1 - \dfrac{1}{2}L\left(\dfrac{u-t}{\alpha}\right)\right]\mathrm{d}t + \int_u^{u+\beta} \dfrac{1}{2}R\left(\dfrac{tu}{\beta}\right)\mathrm{d}t \end{aligned}$$

145

$$= u - \frac{\alpha}{2}[\gamma(1) - \gamma(0)] + \frac{\beta}{2}[\chi(1) - \chi(0)]$$

其中 $\gamma(\chi)$ 是一个在 $[u-\alpha, u]$ 和 $\frac{\partial \gamma(x)}{\partial(x)} = L(x)$ 上的连续函数。$\chi(x)$ 是一个在 $[u, u+\beta]$ 和 $\frac{\partial \gamma(x)}{\partial(x)} = R(x)$ 上的连续函数。因此可知

$$E[\xi] = E[\xi(\omega)] = E[\widetilde{u}] = u - \frac{\alpha}{2}[\gamma(1) - \gamma(0)] + \frac{\beta}{2}[\chi(1) - \chi(0)]$$

证毕。

【证明 A.2】假设 $\omega \in [0, 1]$。令 $L\left(\frac{u_1 - x}{\alpha_1}\right) = \omega = L\left(\frac{u_2 - x}{\alpha_2}\right)$，有

$$x = \mu_1 - \alpha_1 L^{-1}(\omega), y = \mu_2 - \alpha_2 L^{-1}(\omega)$$

根据

$$z = x + y = \mu_1 + \mu_2 - (\alpha_1 + \alpha_2)L^{-1}(\omega)$$

可得 $L\left(\frac{\mu_1 + \mu_2 - z}{\alpha_1 + \alpha_2}\right) = \omega$，同时用相似的方法可以获得 $R\left(\frac{z - (\mu_1 + \mu_2)}{\alpha_1 + \alpha_2}\right) = \omega$，这就表示 $\xi_1 + \xi_2 = (\mu_1 + \mu_2, \alpha_1 + \alpha_2, \beta_1 + \beta_2)_{LR}$。

证毕。

【证明 A.3】根据假设，可知对于任意 $\omega \in \Omega$，$(\widetilde{c}_{1r_1l_1}(\omega))_{n_1 \times 1} \sim N(\boldsymbol{u}_{1r_1}^c(\omega), \boldsymbol{V}_{1r_1}^c)$，$(\widetilde{d}_{1r_1l_2}(\omega))_{n_2 \times k} \sim N(\widetilde{\boldsymbol{u}}_{1r_1}^d(\omega), \boldsymbol{V}_{1r_1}^d)$ 和 $(\widetilde{e}_{1r_1l_1}(\omega)) \sim N(\widetilde{u}_{1r_1}^e(\omega), (\sigma_{1r_1}^e)^2)$ 是独立的随机变量，从而可得对于任意 $\omega \in \Omega$，

$$\widetilde{\boldsymbol{c}}_{1r_1}^{\mathrm{T}}(\omega)\boldsymbol{x} + \widetilde{\boldsymbol{d}}_{1r_1}^{\mathrm{T}}(\omega)\boldsymbol{y} - \widetilde{e}_{1r_1}(\omega) \sim N(\widetilde{\boldsymbol{u}}_{1r_1}^{c\mathrm{T}}(\omega)\boldsymbol{x}$$
$$+ \widetilde{\boldsymbol{u}}_{1r_1}^{d\mathrm{T}}(\omega)\boldsymbol{y} - \widetilde{u}_{1r_1}^e(\omega), \boldsymbol{x}^{\mathrm{T}}\boldsymbol{V}_{1r_1}^d\boldsymbol{x} + \boldsymbol{y}^{\mathrm{T}}\boldsymbol{V}_{1r_1}^d\boldsymbol{y} + (\sigma_{1r_1}^e)^2)$$

也是一个服从正态分布的随机变量。

从而有

$$\Pr\{\widetilde{\boldsymbol{c}}_{1r_1}^{\mathrm{T}}(\omega)\boldsymbol{x} + \widetilde{\boldsymbol{d}}_{1r_1}^{\mathrm{T}}(\omega)\boldsymbol{y} - \widetilde{e}_{1r_1}(\omega)\} \geqslant \gamma_{1r_1}$$

$$\Leftrightarrow \Pr\left\{\frac{(\widetilde{\boldsymbol{c}}_{1r_1}^{\mathrm{T}}(\omega)\boldsymbol{x} + \widetilde{\boldsymbol{d}}_{1r_1}^{\mathrm{T}}(\omega)\boldsymbol{y} - \widetilde{e}_{1r_1}(\omega)) - (\widetilde{\boldsymbol{u}}_{1r_1}^{c\mathrm{T}}(\omega)\boldsymbol{x} + \widetilde{\boldsymbol{u}}_{1r_1}^{d\mathrm{T}}(\omega)\boldsymbol{y} - \widetilde{u}_{1r_1}^e(\omega))}{\sqrt{\boldsymbol{x}^{\mathrm{T}}\boldsymbol{V}_{1r_1}^d\boldsymbol{x} + \boldsymbol{y}^{\mathrm{T}}\boldsymbol{V}_{1r_1}^d\boldsymbol{y} + (\sigma_{1r_1}^e)^2}}\right.$$
$$\left. \geqslant \frac{-(\widetilde{\boldsymbol{u}}_{1r_1}^{c\mathrm{T}}(\omega)\boldsymbol{x} + \widetilde{\boldsymbol{u}}_{1r_1}^{d\mathrm{T}}(\omega)\boldsymbol{y} - \widetilde{u}_{1r_1}^e(\omega))}{\sqrt{\boldsymbol{x}^{\mathrm{T}}\boldsymbol{V}_{1r_1}^d\boldsymbol{x} + \boldsymbol{y}^{\mathrm{T}}\boldsymbol{V}_{1r_1}^d\boldsymbol{y} + (\sigma_{1r_1}^e)^2}}\right\} \geqslant \gamma_{1r_1}$$

$$\Leftrightarrow \Phi\left\{\frac{-(\widetilde{\boldsymbol{u}}_{1r_1}^{c\mathrm{T}}(\omega)\boldsymbol{x} + \widetilde{\boldsymbol{u}}_{1r_1}^{d\mathrm{T}}(\omega)\boldsymbol{y} - \widetilde{u}_{1r_1}^e(\omega))}{\sqrt{\boldsymbol{x}^{\mathrm{T}}\boldsymbol{V}_{1r_1}^c\boldsymbol{x} + \boldsymbol{y}^{\mathrm{T}}\boldsymbol{V}_{1r_1}^d\boldsymbol{y} + (\sigma_{1r_1}^e)^2}}\right\} \leqslant (1 - \gamma_{1r_1})$$

$$\Leftrightarrow \widetilde{u}^e_{1r_1}(\omega) - \widetilde{\boldsymbol{u}}^{c\mathrm{T}}_{1r_1}(\omega)\boldsymbol{x} - \widetilde{\boldsymbol{u}}^{d\mathrm{T}}_{1r_1}(\omega)\boldsymbol{y} \leqslant \Phi^{-1}(1-\gamma_{1r_1})\sqrt{\boldsymbol{x}^{\mathrm{T}}\boldsymbol{V}^c_{1r_1}\boldsymbol{x} + \boldsymbol{y}^{\mathrm{T}}\boldsymbol{V}^d_{1r_1}\boldsymbol{y} + (\sigma^e_{1r_1})^2}$$

由于 $\widetilde{u}^c_{1r_1l_1}(\omega) = (\widetilde{u}^c_{1r_1l_1}, \widetilde{\alpha}^c_{1r_1l_1}, \widetilde{\beta}^c_{1r_1l_1})$，$\widetilde{u}^d_{1r_1l_2}(\omega) = (\widetilde{u}^d_{1r_1l_2}, \widetilde{\alpha}^d_{1r_1l_2}, \widetilde{\beta}^d_{1r_1l_2})$ 和 $\widetilde{u}^e_{1r_1l_2}(\omega) = (\widetilde{u}^e_{1r_1l_2}, \widetilde{\alpha}^e_{1r_1l_2}, \widetilde{\beta}^d_{1r_1l_2})$ 分别是 $L-R$ 模糊变量，由证明过程 A.2，对于 $\boldsymbol{x}$，$\boldsymbol{y} > 0$，$\widetilde{u}^e_{1r_1}(\omega) - \widetilde{\boldsymbol{u}}^{c\mathrm{T}}_{1r_1}(\omega)\boldsymbol{x} - \widetilde{\boldsymbol{u}}^{d\mathrm{T}}_{1r_1}(\omega)\boldsymbol{y}$ 也是具有以下隶属函数的 $L-R$ 模糊变量：

$$\mu_{\widetilde{u}^e_{1r_1}(\omega) - \widetilde{\boldsymbol{u}}^{c\mathrm{T}}_{1r_1}(\omega)\boldsymbol{x} - \widetilde{\boldsymbol{u}}^{d\mathrm{T}}_{1r_1}(\omega)\boldsymbol{y}}(t)$$

$$= \begin{cases} L\left(\dfrac{(u^e_{1r_1} - \boldsymbol{u}^{c\mathrm{T}}_{1r_1}\boldsymbol{x} - \boldsymbol{u}^{d\mathrm{T}}_{1r_1}\boldsymbol{y}) - t}{\alpha^e_{1r_1} + \boldsymbol{\beta}^{c\mathrm{T}}_{1r_1}\boldsymbol{x} + \boldsymbol{\beta}^{c\mathrm{T}}_{1r_1}\boldsymbol{y}}\right), & t \leqslant u^e_{1r_1} - \widetilde{\boldsymbol{u}}^{c\mathrm{T}}_{1r_1}\boldsymbol{x} - \widetilde{\boldsymbol{u}}^{d\mathrm{T}}_{1r_1}\boldsymbol{y}, \alpha^e_{1r_1} + \boldsymbol{\beta}^{\mathrm{T}}_{1r_1}\boldsymbol{x} + \boldsymbol{\beta}^{\mathrm{T}}_{1r_1}\boldsymbol{y} > 0, \\[4mm] R\left(\dfrac{t - (u^e_{1r_1} - \boldsymbol{u}^{c\mathrm{T}}_{1r_1}\boldsymbol{x} - \boldsymbol{u}^{d\mathrm{T}}_{1r_1}\boldsymbol{y})}{\beta^{c\mathrm{T}}_{1r_1} + \boldsymbol{\alpha}^c_{1r_1}\boldsymbol{x} + \boldsymbol{\alpha}^{c\mathrm{T}}_{1r_1}\boldsymbol{y}}\right), & t \geqslant u^e_{1r_1} - \widetilde{\boldsymbol{u}}^{c\mathrm{T}}_{1r_1}\boldsymbol{x} - \widetilde{\boldsymbol{u}}^{d\mathrm{T}}_{1r_1}\boldsymbol{y}, \beta^{c\mathrm{T}}_{1r_1} + \boldsymbol{\alpha}^c_{1r_1}\boldsymbol{x} + \boldsymbol{\alpha}^{c\mathrm{T}}_{1r_1}\boldsymbol{y} > 0, \end{cases}$$

令 $G(x) = \Phi^{-1}(1-\gamma_{1r_1})\sqrt{\boldsymbol{x}^{\mathrm{T}}\boldsymbol{V}^c_{1r_1}\boldsymbol{x} + \boldsymbol{y}^{\mathrm{T}}\boldsymbol{V}^d_{1r_1}\boldsymbol{y} + (\sigma^e_{1r_1})^2}$，根据文献 [193]，可得

$$Pos\{\omega \mid \widetilde{u}^e_{1r_1} - \widetilde{\boldsymbol{u}}^{c\mathrm{T}}_{1r_1}\boldsymbol{x} - \widetilde{\boldsymbol{u}}^{d\mathrm{T}}_{1r_1}\boldsymbol{y} \leqslant G(x)\} \geqslant \delta_{1r_1}$$

$$\Leftrightarrow G(x) \geqslant (\widetilde{u}^e_{1r_1} - \widetilde{\boldsymbol{u}}^{c\mathrm{T}}_{1r_1}\boldsymbol{x} - \widetilde{\boldsymbol{u}}^{d\mathrm{T}}_{1r_1}\boldsymbol{y}) - L^{-1}(\delta_{1r_1})(\widetilde{\alpha}^e_{1r_1} + \widetilde{\boldsymbol{\beta}}^{c\mathrm{T}}_{1r_1}\boldsymbol{x} - \widetilde{\boldsymbol{\beta}}^{d\mathrm{T}}_{1r_1}\boldsymbol{y})$$

也就是说，

$$(\widetilde{\boldsymbol{u}}^{c\mathrm{T}}_{1r_1}\boldsymbol{x} + \widetilde{\boldsymbol{u}}^{d\mathrm{T}}_{1r_1}\boldsymbol{y} - \widetilde{u}^e_{1r_1}) - \Phi^{-1}(1-\gamma_{1r_1})\sqrt{\boldsymbol{x}^{\mathrm{T}}\boldsymbol{V}^c_{1r_1}\boldsymbol{x} + \boldsymbol{y}^{\mathrm{T}}\boldsymbol{V}^d_{1r_1}\boldsymbol{y} + (\sigma^e_{1r_1})^2}$$
$$+ L^{-1}(\delta_{1r_1})(\alpha^e_{1r_1} + \boldsymbol{\beta}^{c\mathrm{T}}_{1r_1}\boldsymbol{x} - \boldsymbol{\beta}^{d\mathrm{T}}_{1r_1}\boldsymbol{y}) \geqslant 0$$

【证明 A.4】根据假设，可知对于任意 $\omega \in \Omega$，$(\widetilde{c}_{2r_2l_1}(\omega))_{n_1 \times 1} \sim N(\boldsymbol{u}^c_{2r_2}(\omega), \boldsymbol{V}^c_{2r_2})$，$(\widetilde{d}_{2r_2l_1}(\omega))_{n_2 \times k} \sim N(\widetilde{\boldsymbol{u}}^d_{2r_2}(\omega), \boldsymbol{V}^d_{2r_2})$ 和 $(\widetilde{e}_{2r_2l_1}(\omega) \sim N(\widetilde{\boldsymbol{u}}^e_{2r_2}(\omega), (\sigma^e_{1r_2})^2)$ 是独立的随机变量，从而可得对于任意 $\omega \in \Omega$

$$\widetilde{\boldsymbol{c}}^{\mathrm{T}}_{2r_2}(\omega)\boldsymbol{x} + \widetilde{\overline{\boldsymbol{d}}}^{\mathrm{T}}_{2r_2}(\omega)\boldsymbol{y} - \widetilde{e}_{2r_2}(\omega) \sim N(\widetilde{\boldsymbol{u}}^{c\mathrm{T}}_{2r_2}(\omega)\boldsymbol{x}$$
$$+ \widetilde{\boldsymbol{u}}^{d\mathrm{T}}_{2r_2}(\omega)\boldsymbol{y} - \widetilde{u}^e_{2r_2}(\omega), \boldsymbol{x}^{\mathrm{T}}\boldsymbol{V}^d_{2r_2}\boldsymbol{x} + \boldsymbol{y}^{\mathrm{T}}\boldsymbol{V}^d_{2r_2}\boldsymbol{y} + (\sigma^e_{2r_2})^2)$$

也是一个服从正态分布的随机变量。

从而有

$$\mathrm{Pr}\{\widetilde{\boldsymbol{c}}^{\mathrm{T}}_{2r_2}(\omega)\boldsymbol{x} + \widetilde{\overline{\boldsymbol{d}}}^{\mathrm{T}}_{2r_2}(\omega)\boldsymbol{y} - \widetilde{e}_{2r_2}(\omega)\} \geqslant \gamma_{2r_2}$$

$$\Leftrightarrow \mathrm{Pr}\left\{\frac{(\widetilde{\boldsymbol{c}}^{\mathrm{T}}_{2r_2}(\omega)\boldsymbol{x} + \widetilde{\overline{\boldsymbol{d}}}^{\mathrm{T}}_{2r_2}(\omega)\boldsymbol{y} - \widetilde{e}_{2r_2}(\omega)) - (\widetilde{\boldsymbol{u}}^{c\mathrm{T}}_{2r_2}(\omega)\boldsymbol{x} + \widetilde{\boldsymbol{u}}^{d\mathrm{T}}_{2r_2}(\omega)\boldsymbol{y} - \widetilde{u}_{2r_2}(\omega))}{\sqrt{\boldsymbol{x}^{\mathrm{T}}\boldsymbol{V}^d_{2r_2}\boldsymbol{x} + \boldsymbol{y}^{\mathrm{T}}\boldsymbol{V}^d_{2r_2}\boldsymbol{y} + (\sigma^e_{2r_{21}})^2}} \right.$$
$$\left. \geqslant \frac{-(\widetilde{\boldsymbol{u}}^{c\mathrm{T}}_{2r_2}(\omega)\boldsymbol{x} + \widetilde{\boldsymbol{u}}^{d\mathrm{T}}_{2r_{21}}(\omega)\boldsymbol{y} - \widetilde{u}^e_{2r_2}(\omega))}{\sqrt{\boldsymbol{x}^{\mathrm{T}}\boldsymbol{V}^c_{2r_2}\boldsymbol{x} + \boldsymbol{y}^{\mathrm{T}}\boldsymbol{V}^d_{2r_2}\boldsymbol{y} + (\sigma^e_{2r_2})^2}}\right\} \geqslant \gamma_{2r_2}$$

$$\Leftrightarrow \Phi\left(\frac{-(\widetilde{\boldsymbol{u}}^{c\mathrm{T}}_{2r_2}(\omega)\boldsymbol{x} + \widetilde{\boldsymbol{u}}^{d\mathrm{T}}_{2r_2}(\omega)\boldsymbol{y} - \widetilde{u}^e_{2r_2}(\omega))}{\sqrt{\boldsymbol{x}^{\mathrm{T}}\boldsymbol{V}^c_{2r_2}\boldsymbol{x} + \boldsymbol{y}^{\mathrm{T}}\boldsymbol{V}^d_{2r_2}\boldsymbol{y} + (\sigma^e_{2r_2})^2}}\right) \leqslant (1 - \gamma_{2r_2})$$

$$\Leftrightarrow \widetilde{u}_{2r_2}^e(\omega) - \widetilde{\boldsymbol{u}}_{2r_2}^{cT}(\omega)\boldsymbol{x} - \widetilde{\boldsymbol{u}}_{2r_2}^{dT}(\omega)\boldsymbol{y} \leqslant \Phi^{-1}(1 - \gamma_{2r_2})\sqrt{\boldsymbol{x}^T\boldsymbol{V}_{2r_2}^c\boldsymbol{x} + \boldsymbol{y}^T\boldsymbol{V}_{2r_2}^d\boldsymbol{y} + (\sigma_{2r_2}^e)^2}$$

由于 $\widetilde{u}_{2r_2l_1}^c(\omega) = (\widetilde{u}_{2r_2l_1}^c, \widetilde{\alpha}_{2r_2l_1}^c, \widetilde{\beta}_{2r_2l_1}^c)$, $\widetilde{u}_{2r_2l_2}^d(\omega) = (\widetilde{u}_{2r_2l_2}^d, \widetilde{\alpha}_{2r_2l_2}^d, \widetilde{\beta}_{2r_2l_2}^d)\widetilde{u}_{2r_2}^e(\omega)$
$= (\widetilde{u}_{2r_2}^e, \widetilde{\alpha}_{2r_2}^e, \widetilde{\beta}_{2r_2}^d)$ 分别是 $L-R$ 模糊变量，由证明过程 A.2，对于 $\boldsymbol{x}$，$\boldsymbol{y} > 0$，
$\widetilde{u}_{2r_2}^e(\omega) - \widetilde{\boldsymbol{u}}_{2r_2}^{cT}(\omega)\boldsymbol{x} - \widetilde{\boldsymbol{u}}_{2r_2}^{dT}(\omega)\boldsymbol{y}$ 也是具有以下隶属函数的 $L-R$ 模糊变量：

$$\mu_{\widetilde{u}_{2r_2}^e(\omega) - \widetilde{\boldsymbol{u}}_{2r_2}^{cT}(\omega)\boldsymbol{x} - \widetilde{\boldsymbol{u}}_{2r_2}^{dT}(\omega)\boldsymbol{y}}(t)$$

$$=\begin{cases} L\left(\dfrac{(u_{2r_2}^e - \boldsymbol{u}_{2r_2}^{cT}\boldsymbol{x} - \boldsymbol{u}_{2r_2}^{dT}\boldsymbol{y}) - t}{\alpha_{2r_2}^e + \boldsymbol{\beta}_{2r_2}^{cT}\boldsymbol{x} + \boldsymbol{\beta}_{2r_2}^{cT}\boldsymbol{y}}\right), t \leqslant u_{2r_2}^e - \widetilde{\boldsymbol{u}}_{2r_2}^{cT}\boldsymbol{x} - \widetilde{\boldsymbol{u}}_{2r_2}^{dT}\boldsymbol{y}, \alpha_{2r_2}^e + \boldsymbol{\beta}_{2r_2}^{cT}\boldsymbol{x} + \boldsymbol{\beta}_{2r_2}^{cT}\boldsymbol{y} > 0, \\[4mm] R\left(\dfrac{t - (u_{2r_2}^e - \boldsymbol{u}_{2r_2}^{cT}\boldsymbol{x} - \boldsymbol{u}_{2r_2}^{dT}\boldsymbol{y})}{\beta_{2r_2}^{cT} + \boldsymbol{\alpha}_{2r_2}^c\boldsymbol{x} + \boldsymbol{\alpha}_{2r_2}^{cT}\boldsymbol{y}}\right), t \geqslant u_{2r_2}^e - \widetilde{\boldsymbol{u}}_{2r_2}^{cT}\boldsymbol{x} - \widetilde{\boldsymbol{u}}_{2r_2}^{dT}\boldsymbol{y}, \beta_{2r_2}^{cT} + \boldsymbol{\alpha}_{2r_2}^c\boldsymbol{x} + \boldsymbol{\alpha}_{2r_2}^{cT}\boldsymbol{y} > 0, \end{cases}$$

令 $G(x) = \Phi^{-1}(\gamma_{2r_2})\sqrt{\boldsymbol{x}^T\boldsymbol{V}_{2r_2}^c\boldsymbol{x} + \boldsymbol{y}^T\boldsymbol{V}_{2r_2}^d\boldsymbol{y} + (\sigma_{2r_2}^e)^2}$，根据文献 [193]，可得

$$Pos\{\omega \mid \widetilde{u}_{2r_2}^e - \widetilde{\boldsymbol{u}}_{2r_2}^{cT}\boldsymbol{x} - \widetilde{\boldsymbol{u}}_{2r_2}^{dT}\boldsymbol{y} \leqslant G(x)\} \geqslant \delta_{2r_2}$$

$$\Leftrightarrow H(x) \geqslant (\widetilde{u}_{2r_2}^e - \widetilde{\boldsymbol{u}}_{2r_2}^{cT}\boldsymbol{x} - \widetilde{\boldsymbol{u}}_{2r_2}^{dT}\boldsymbol{y}) - R^{-1}(\delta_{2r_2})(\widetilde{\alpha}_{2r_2}^e + \widetilde{\boldsymbol{\beta}}_{2r_2}^{cT}\boldsymbol{x} - \widetilde{\boldsymbol{\beta}}_{2r_2}^{cT}\boldsymbol{y})$$

也就是说，

$$(\widetilde{\boldsymbol{u}}_{2r_2}^{cT}\boldsymbol{x} + \widetilde{\boldsymbol{u}}_{2r_2}^{dT}\boldsymbol{y} - \widetilde{u}_{2r_2}^e) - \Phi^{-1}(\gamma_{2r_2})\sqrt{\boldsymbol{x}^T\boldsymbol{V}_{2r_2}^c\boldsymbol{x} + \boldsymbol{y}^T\boldsymbol{V}_{2r_2}^d\boldsymbol{y} + (\sigma_{2r_2}^e)^2}$$
$$- R^{-1}(\delta_{2r_2})(\alpha_{2r_2}^e + \boldsymbol{\beta}_{2r_2}^{cT}\boldsymbol{x} - \boldsymbol{\beta}_{2r_2}^{dT}\boldsymbol{y}) \leqslant 0$$

证毕。

【证明 A.5】根据假设条件 $Me_i^f = Me_1 = Me_3 = Me_3$，子区域根据 UELS 原则将水资源分配给不同的用水部门。其分配量为 $\min\{\max_j\{d_{ij}^{\max}\}, u_i/3\}$。因此，根据假设条件 $u_i/3 \geqslant \max_j\{d_{ij}^{\max}\}$ 可得

$$R(x_i)_i = \{\boldsymbol{y}_i \mid \boldsymbol{y}_i = (d_{i1}^{\max}, d_{i2}^{\max}, d_{i3}^{\max})^T\}$$

将 $R(x_i)_i$ 代入公式（4.9），基尼系数可以表示为

$$G(\boldsymbol{x}) = 1 - \frac{\displaystyle\sum_{i=1}^m \sum_{k=1}^n \left| \frac{x_i}{Me_i^f \sum\limits_{j=1}^3 y_{ij}^f} - \frac{x_k}{Me_k^f \sum\limits_{j=1}^3 y_{kj}^f} \right|}{2m \displaystyle\sum_{i=1}^m \frac{x_i}{Me_i^f \sum\limits_{j=1}^3}}$$

证毕。

参考文献

[1] 陈华平, 贾兆红. 粒子群优化算法在柔性作业车间调度中的应用研究 [D]. 合肥: 中国科学技术大学, 2008.

[2] 陈铁汉. 江西省锦江流域水资源配置方案 [J]. 资源开发与保护杂志, 1989, 5 (3): 34—35.

[3] 陈旭升. 中国水资源配置管理研究 [D]. 哈尔滨: 哈尔滨工程大学, 2009.

[4] 陈志松, 王慧敏, 仇蕾, 等. 流域水资源配置中的演化博弈分析 [J]. 中国管理科学, 2008 (20): 176—183.

[5] 程国栋, 王根绪. 内陆河流域水资源分配的二层性及其优化分析 [J]. 干旱区研究, 1998, 15 (2): 1—6.

[6] 崔传华. 水权初始分配方法初探 [J]. 河海水利, 2005 (4): 5—6, 15.

[7] 邓洁. 威海市生态用水及水资源合理配置研究 [D]. 北京: 北京林业大学, 2009.

[8] 杜纲. 一主多从非光滑多目标优化方法 [J]. 系统工程学报, 1998, 13 (2): 38—44.

[9] 杜纲, 顾培亮. 具有主从结构的非光滑两层优化问题 [J]. 系统工程学报, 1995, 10 (1): 103—112.

[10] 杜伟, 刘昌明. 农业水资源配置效果的计算分析 [J]. 自然资源学报, 1987, 2 (1): 9—19.

[11] 甘露. 工程建设项目风险损失控制及应用 [D]. 成都: 四川大学, 2013.

[12] 江军. 大型电站建设项目资源管理二层模糊模型及应用 [D]. 成都: 四川大学, 2014.

[13] 高金伍. 不确定多层规划模型与算法 [D]. 北京: 清华大学, 2004.

[14] 胡继连, 葛颜祥, 周玉玺. 水权市场的基本构造与建设方法 [J]. 水利经济, 2001 (6): 4—7.

[15] 华士乾. 水资源系统分析指南 [M]. 北京：水利电力出版社，1998.

[16] 黄明健，刘克亚. 水权市场的基本构造与建设方法 [J]. 国土资源科技管理，2004 (4)：16−19.

[17] 路京选. 多目标、多水源地和多用户水资源系统管理的专家系统决策模型 [J]. 自然资源学报，1994，9 (2)：164−175.

[18] 孟志敏. 国外水权交易市场——机构设置、运作表现及制约情况 [J]. 水利规划与设计，2001 (1)：34−38.

[19] 盛昭瀚. 主从递阶决策论：Stackelberg 问题 [M]. 北京：科学出版社，1998.

[20] 石玉波. 关于水权与水市场的几点认识 [J]. 中国水利，2001 (2)：31−32.

[21] 孙弘颜. 长春市水资源系统的优化配置及策略研究 [D]. 吉林：吉林大学，2007.

[22] 唐德善. 大流域水资源多目标优化分配模型研究 [J]. 河海大学学报，1992，20 (6)：40−47.

[23] 唐琼，张振文，何青，等. 基于二层规划的选址库存路径问题研究 [J]. 物流技术，2011，30 (7)：137−142.

[24] 滕春贤，李智慧. 二层规划的理论与应用 [M]. 北京：科学出版社，2002.

[25] 夏洪胜. Stackelberg 主从对策的下层多人两层决策问题的交互式决策方法 [J]. 系统工程理论方法应用，1994，3 (2)：6−11.

[26] 夏洪胜，贺建勋. 一类主从策略的两层决策问题的决策方法 [J]. 系统工程学报，1993，8 (2)：9−17.

[27] 徐中民，胡洁. 基于多层次多目标模糊优选法的流域初始水权分配—以张掖市甘临高地区为例 [J]. 冰川冻土，2013，35 (3)：776−782.

[28] 杨丰梅. 线性分式——二次双层规划的一个充要条件 [J]. 系统工程理论与实践，1998 (12)：25−29.

[29] 杨高升，焦爱华. 中国水市场的运作模式研究 [J]. 水利水电科技进展，2001 (4)：37−40.

[30] 姚荣. 基于可持续发展的区域水资源合理配置研究 [D]. 南京：河海大学，2005.

[31] 朱九龙. 基于供应链管理理论的南水北调水量控制与水资源分配模型研究 [D]. 南京：河海大学，2006.

[32] B Abolpour, M Javan, M Karamouz. Water allocation improvement in

river basin using adaptive neural fuzzy reinforcement learning approach [J]. Applied Soft Computing, 2007, 7 (1): 265−285.

[33] F S Abu−Mouti, M. E. El−Hawary. Optimal distributed generation allocation and sizing in distribution systems via artificial bee colony algorithm [J]. IEEE Transactions on Power Delivery, 2011, 26 (4): 2090−2101.

[34] M Ahlatcioglu, F. Tiryaki. Interactive fuzzy programming for decentralized two−level linear fractional programming (DTLLFP) problems [J]. Omega, 2007, 35 (4): 432−450.

[35] T. J. Ai, V. Kachitvichyanukul. A particle swarm optimization for the vehicle routing problem with simultaneous pickup and delivery [J]. Computers & Operations Research, 2009, 36 (5): 1693−1702.

[36] B. Akay, D. Karaboga. A modified artificial bee colony algorithm for real parameter optimization [J]. Information Sciences, 2012, 192: 120−142.

[37] A. B. Alaya, A. Souissi, J. Tarhouni, K. Ncib. Optimization of Nebhana reservoir water allocation by stochastic dynamic programming [J]. Water Resources Management, 2003, 17 (4): 259−272.

[38] A. Al−Radif. Integrated water resources management (IWRM): An approach to face the challenges of the next century and to avert future crises [J]. Desalination, 1999, 124: 145−153.

[39] M. R. AlRashidi, M. E. El − Hawary. A survey of particle swarm optimization applications in electric power systems [J]. IEEE Transactions on Evolutionary Computation, 2009, 13 (4): 913−918.

[40] G. Anandalingam, D. J. White. A solution method for the linear static Stackelberg problem using penalty functions [J]. IEEE Transactions on Automatic Control, 1990, 35 (10): 1170−1173.

[41] R. Andreani, S. L. C. Castro, J. L. Chela, A. Friedlander, S. A. Santos. An inexact−restoration method for nonlinear bilevel programming problems [J]. Computational Optimization and Applications, 2009, 43 (3): 307−328.

[42] S. R. Arora, R. Gupta. Interactive fuzzy goal programming approach for bilevel programming problem [J]. European Journal of Operational Research, 2009, 194 (2): 368−376.

[43] K. Babaeyan−Koopaei, D. A. Ervine, G. Pender. Field measurements

and flow modeling of overbank flows in river Severn, U. K [J]. Journal of Environmental Informatics, 2003, 1 (1): 28−36.

[44] H. Babahadda, N. Gadhi. Necessary optimality conditions for bilevel optimization problems using convexificators [J]. Journal of Global Optimization, 2006, 34 (4): 535−549.

[45] J. F. Bard. Optimality conditions for the bilevel programming problem [M]. Naval Research Logistics Quarterly, 1984, 31 (1): 13−26.

[46] J. F. Bard. Practical bilevel optimization: Algorithms and applications [M]. Springer, 1998.

[47] J. F. Bard, J. E. Falk. An explicit solution to the multi − level programming problem [J]. Computers & Operations Research, 1982, 9 (1): 77−100.

[48] N. Becker. Value of moving from central planning to a market system: Lessons from the Israeli water sector [J]. Agricultural Economics, 1995, 12 (1): 11−21.

[49] O. Ben−Ayed, C. E. Blair. Computational difficulties of bilevel linear programming [J]. Operations Research, 1990, 38 (3): 556−560.

[50] C. Zhang, P. Guo. A generalized fuzzy credibility−constrained linear fractional programming approach for optimal irrigation water allocation under uncertainty [J]. Journal of Hydrology, 2017, 553: 735−749.

[51] Y. Bian, S. Yan, H. Xu. Efficiency evaluation for regional urban water use and wastewater decontamination systems in China: A DEA approach [J]. Resources, Conservation and Recycling, 2014, 83: 15−23.

[52] K. Binder, D. W. Heermann. Monte Carlo Simulation in statistical physics: An introduction [M]. Springer, 2010.

[53] H. Bjornlund. Can water markets assist irrigators managing increased supply risk? Some Australian experiences [J]. Water International, 2006, 31 (2): 221−232.

[54] H. Bjornlund, J. McKay. Are water markets achieving a more sustainable water use? in: 10th World Water Congress: Water, the Worlds Most Important Resource, 289−297, 2000.

[55] M. Bouhtou, G. Erbs, M. Minoux. Pricing and resource allocation for point−to−point telecommunication services in a competitive market: A

bilevel optimization approach. in: Telecommunications planning: innovations in pricing, network design and management, 1−16 [M]. Springer, 2006.

[56] J. Bracken, J. T. McGill. Mathematical programs with optimization problems in the constraints [J]. Operations Research, 1973, 21 (1): 37−44.

[57] D. Brennan. Water policy reform in Australia: Lessons from the Victorian seasonal water market [J]. Australian Journal of Agricultural and Resource Economics, 2006, 50 (3): 403−423.

[58] S. P. Brooks, B. J. T. Morgan. Optimization using simulated annealing [J]. The Statistician, 1995, 44 (2): 241−257.

[59] X. Cai. Water stress, water transfer and social equity in Northern China—Implications for policy reforms [J]. Journal of Environmental Management, 2008, 87 (1): 14−25.

[60] X. Cai, L. Lasdon, A. M. Michelsen. Group decision making in water resources planning using multiple objective analysis [J]. Journal of Water Resources Planning and Management, 2004, 130 (1): 4−14.

[61] H. I. Calvete, C. Galé. Bilevel multiplicative problems: A penalty approach to optimality and a cutting plane based algorithm [J]. Journal of Computational and Applied Mathematics, 2008, 218 (2): 259−269.

[62] H. I. Calvete, C. Galé. Solving linear fractional bilevel programs [J]. Operations Research Letters, 2004, 32 (2): 143−151.

[63] H. I. Calvete, C. Gale, P. M. Mateo. A new approach for solving linear bilevel problems using genetic algorithms [J]. European Journal of Operational Research, 2008, 188 (1): 14−28.

[64] L. Campos, J. L. Verdegay. Linear programming problems and ranking of fuzzynumbers [J]. Fuzzy Sets and Systems, 1989, 32 (1): 1−11.

[65] R. Caponetto, L. Fortuna, S. Fazzino. Sequences to improve the performance of evolutionary algorithms [J]. IEEE Transactions on Evolutionary Computation 2003, 7: 289−304.

[66] C. Chen, G. H. Huang, Y. P. Li, Y. Zhou. A robust risk analysis method for water resources allocation under uncertainty [J]. Stochastic Environmental Research and Risk Assessment, 2013, 27 (3): 713−723.

[67] Z. Chen, H. Wang, X. Qi. Pricing and water resource allocation

scheme for the South-to-North Water Diversion Project in China [J]. Water Resources Management, 2013, 27 (5): 1457-1472.

[68] M. Clerc. Particle swarm optimization [M]. John Wiley & Sons, 2010.

[69] M. Clerc, J. Kennedy. The particle swarm - explosion, stability, and convergence in a multidimensional complex space [J]. IEEE Transactions on Evolutionary Computation, 2002, 6 (1): 58-73.

[70] J. L. Cohon, D. H. Marks. Multiobjective screening models and water resource investment [J]. Water Resources Research, 1973, 9 (4): 826 -836.

[71] D. W. Coit, A. E. Smith. Reliability optimization of series-parallel systems using a genetic algorithm [J]. IEEE Transactions on Reliability, 2005, 45 (2): 254-260.

[72] B. Colson, P. Marcotte, G. Savard. An overview of bilevel optimization [J]. Annals of Operations Research, 2007, 153 (1): 235-256.

[73] B. Colson, P. Marcotte, G. Savard. Bilevel programming: A survey [J]. 4OR, 2005, 3 (2): 87-107.

[74] J. Cullis, B. Van Koppen. Applying the Gini coefficient to measure inequality of water use in the Olifants River Water Management Area, South Africa, vol. 113. IWMI, 2007.

[75] Z. Y. Dai, Y. P. Li. A multistage irrigation water allocation model for agricultural land - use planning under uncertainty [J]. Agricultural Water Management, 2013, 129: 69-79.

[76] G. E. Diaz, T. C. Brown, O. G. B. Sveinsson. Aquarius: A modeling system for river basin water allocation. General Technical Report rm-gtr- 299. US Department of Agriculture, Forest Service, Rocky Mountain Forest and Range Experiment Station, Fort Collins, CO, 2000.

[77] A. I. J. M. Dijk, H. E. Beck, R. S. Crosbie, R. A. M. Jeu, Y. Y. Liu, G. M. Podger, B. Timbal, N. R. Viney. The millennium drought in Southeast Australia (2001—2009): Natural and human causes and implications for water resources, ecosystems, economy, and society [J]. Water Resources Research, 2013, 49 (2): 1040-1057.

[78] L. Divakar, M. S. Babel, S. R. Perret, A. Das Gupta. Optimal allocation of bulk water supplies to competing use sectors based on

economic criterion—An application to the Chao Phraya river basin, Thailand [J]. Journal of Hydrology, 2011, 401 (1): 22−35.

[79] D. E. Dougherty, R. A. Marryott. Optimal groundwater management: 1. Simulated annealing [J]. Water Resources Research, 1991, 27 (10): 2493−2508.

[80] D. Dubois, H. Prade. The mean value of a fuzzy number. Fuzzy Sets and Systems, 1987, 24 (3): 279−300.

[81] L. Ji, P. Sun, Q. Ma, N. Jiang, G. H. Huang and Y. L. Xie. Inexact two−stage stochastic programming for water resources allocation under considering demand uncertainties and response—a case study of Tianjin, China. Water, 2017, 9 (6), doi: 10. 3390/w9060414.

[82] K. W. Easter, R. Hearne. Water markets and decentralized water resources management: International problems and opportunities [J]. Journal of American Water Resources Association, 1995, 31 (1): 9−20.

[83] K. W. Easter, M. W. Rosegrant, A. Dinar. Formal and informal markets for water: Institutions, performance, and constraints [J]. The World Bank Research Observer, 1999, 14 (1): 99−116.

[84] R. C. Eberhart, J. Kennedy. A new optimizer using particle swarm theory. in: Proceedings of the Sixth International Symposium on Micro Machine and Human Science, vol. 1, 39−43. New York, NY, 1995.

[85] R. C. Eberhart, Y. Shi. Particle swarm optimization: Developments, applications and resources. in: Proceedings of the 2001 Congress on Evolutionary Computation, vol. 1, 81−86. IEEE, 2001.

[86] R. C. Eberhart, Y. Shi, J. Kennedy [M]. Swarm intelligence. Elsevier, 2001.

[87] Economic United Nations, Social Commission for Asia, the Pacific. Principles and practices of water allocation among water−use sectors. Bangkok, Thailand: ESCAP Water Resources Series No. 80, 2000.

[88] T. A. Edmunds, J. F. Bard. Algorithms for nonlinear bilevel mathematical programs [J]. IEEE Transactions on Systems, Man and Cybernetics, 1991, 21 (1): 83−89.

[89] R. Farmani, D. A. Savic, G. A. Walters. Evolutionary multi−objective optimization in water distribution network design [J]. Engineering

Optimization, 2005, 37 (2): 167—183.

[90] J. Fellman. Estimation of Gini coefficients using Lorenz curves [J]. Journal of Statistical and Econometric Methods, 2012, 1 (2): 31—38.

[91] A. Ferrero, S. Salicone. The random—fuzzy variables: A new approach to the expression of uncertainty in measurement [J]. IEEE Transactions on Instrumentation and Measurement, 2004, 53 (5): 1370—1377.

[92] D. Fudenberg, J. Tirole [M]. Game theory. Mit Press, Cambridge, MA, 1991.

[93] L. Gan, J. Xu. Retrofitting transportation network using a fuzzy random multiobjective bilevel model to hedge against seismic risk. Abstract and Applied Analysis, vol. 2014. Hindawi Publishing Corporation, 2014.

[94] J. Gang, Y. Tu, B. Lev, J. Xu, W. Shen, L. Yao. A multi—objective bi— level location planning problem for stone industrial parks [J]. Computers & Operations Research, 2015, 56: 8—21.

[95] A. Ganji, D. Khalili, M. Karamouz, K. Ponnambalam, M. Javan. A fuzzy stochastic dynamic Nash game analysis of policies for managing water allocation in a reservoir system [J]. Water Resources Management, 2008, 22 (1): 51—66.

[96] W. Gao, S. Liu. Improved artificial bee colony algorithm for global optimization [J]. Information Processing Letters, 2011, 111 (17): 871 —882.

[97] Y. Gao, G. Zhang, J. Lu. A particle swarm optimization based algorithm for fuzzy bilevel decision making. in: Proceedings of IEEE International Conference on Fuzzy Systems, 1452—1457, 2008.

[98] Y. Gao, G. Zhang, J. Lu, H. Wee. Particle swarm optimization for bi — level pricing problems in supply chains [J]. Journal of Global Optimization, 2011, 51 (2): 245—254.

[99] A. Garrido. A mathematical programming model applied to the study of water markets within the Spanish agricultural sector [J]. Annals of Operations Research, 2000, 94 (1—4): 105—123.

[100] A. Garrido. Water markets design and evidence from experimental economics [J]. Environmental and Resource Economics, 2007, 38

(3): 311—330.

[101] M. Gendreau, P. Marcotte, G. Savard. A hybrid Tabu — ascent algorithm for the linear bilevel programming problem [J]. Journal of Global Optimization, 1996, 8 (3): 217—233.

[102] C. Chang, R. C. Griffin. Water marketing as a reallocative institution in Texas [J]. Water Resources Research, 1992, 28 (3): 879—890.

[103] M. Gil, M. López — Díaz, D. A. Ralescu. Overview on the development of fuzzy random variables [J]. Fuzzy Sets and Systems, 2006, 157 (19): 2546—2557.

[104] J. Golden. A simple geometric approach to approximating the Gini coefficient [J]. The Journal of Economic Education, 2008, 39 (1): 68 —77.

[105] R. C. Griffin. Water resource economics: The analysis of scarcity, policies, and projects [M]. MIT Press Books, 2006.

[106] Z. Guo, J. Chang, Q. Huang, L. Xu, C. Da, H. Wu. Bi — level optimization allocation model of water resources for different water industries [J]. Water Science & Technology: Water Supply, 2014, 14 (3): 470—477.

[107] W. A. Hall, J. A. Dracup. Water resources systems engineering. in: McGraw — Hill Series in Water Resources and Environmental Engineering. 1970.

[108] Y. Han, S. Xu, X. Xu. Modeling multisource multiuser water resources allocation [J]. Water Resources Management, 2008, 22 (7): 911—923.

[109] P. Hansen, B. Jaumard, G. Savard. New branch—and—bound rules for linear bilevel programming [J]. SIAM Journal on Scientific and Statistical Computing, 1992, 13 (5): 1194—1217.

[110] S. Heilpern. The expected value of a fuzzy number [J]. Fuzzy Sets and Systems, 1992, 47 (1): 81—86.

[111] S. R. Hejazi, A. Memariani, G. Jahanshahloo, M. M. Sepehri. Linear bilevel programming solution by genetic algorithm [J]. Computers & Operations Research, 2002, 29 (13): 1913—1925.

[112] K. W. Hipel, L. Fang, L. Wang. Fair water resources allocation with

application to the south saskatchewan river basin [J]. Canadian Water Resources Journal, 2013, 38 (1): 47-60.

[113] S. Ho, H. Lin, W. Liauh, S. Ho. OPSO: Orthogonal particle swarm optimization and its application to task assignment problems [J]. IEEE Transactions on Systems, Man and Cybernetics, Part A: Systems and Humans, 2008, 38 (2): 288-298.

[114] J. H. Holland. Adaptation in natural and artificial systems [M]. MIT Press Cambridge, MA, USA, 1992.

[115] C. W. Howe, C. Goemans. Water transfers and their impacts: Lessons from three Colorado water markets [J]. Journal of the American Water Resources Association. 2003, 39 (5): 1055-1065.

[116] C. W. Howe, D. R. Schurmeier, W. D. Shaw. Innovative approaches to water allocation: The potential for water markets [J]. Water Resources Research, 1986, 22 (4): 439-445.

[117] G. H. Huang, D. P. Loucks. An inexact two-stage stochastic programming model for water resources management under uncertainty [J]. Civil Engineering Systems, 2000, 17 (2): 95-118.

[118] S. F. Hwang, R. S. He. Improving real-parameter genetic algorithm with simulated annealing for engineering problems [J]. Advances in Engineering Software, 2006, 37 (6): 406-418.

[119] N. Isendahl, A. Dewulf, C. Pahl-Wostl. Makingframing of uncertainty in water management practice explicit by using a participant -structured approach [J]. Journal of Environmental Management, 2010, 91 (4): 844-851.

[120] H. Ishibuchi, T. Murata. A multi-objective genetic local search algorithm and its application to flowshop scheduling [J]. IEEE Transactions on Systems, Man, and Cybernetics, Part C: Applications and Reviews. 1998, 28 (3): 392-403.

[121] K. Jafarzadegan, A. Abed-Elmdoust, R. Kerachian. A stochastic model for optimal operation of inter-basin water allocation systems: A case study [J]. Stochastic Environmental Research and Risk Assessment, 2014, 28 (6): 1343-1358.

[122] Y. Jiang. China's water scarcity [J]. Journal of Environmental

Management, 2009, 90 (11): 3185-3196.

[123] E. Kampragou, E. Eleftheriadou, Y. Mylopoulos. Implementing equitable water allocation in transboundary catchments: The case of river nestos/mesta [J]. Water Resources Management, 2007, 21 (5): 909-918.

[124] S. Kannan, S. Slochanal, P. Subbaraj, N. P. Padhy. Application of particle swarm optimization technique and its variants to generation expansion planning problem [J]. Electric Power Systems Research, 2004, 70 (3): 203-210.

[125] D. Karaboga. An idea based on honey bee swarm for numerical optimization. Technical Report, Technical Report − tr06, Erciyes University, Engineering Faculty, Computer Engineering Department, 2005.

[126] D. Karaboga, B. Akay. A comparative study of artificial bee colony algorithm [J]. Applied Mathematics and Computation, 2009, 214 (1): 108-132.

[127] D. Karaboga, B. Basturk. A powerful and efficient algorithm for numerical function optimization: artificial bee colony (ABC) algorithm [J]. Journal of Global Optimization, 2007, 39 (3): 459-471.

[128] D. Karaboga, B. Basturk. On the performance of artificial bee colony (ABC) algorithm [J]. Applied Soft Computing, 2008, 8 (1): 687-697.

[129] D. Karaboga, C. Ozturk. A novel clustering approach: Artificial bee colony (ABC) algorithm [J]. Applied Soft Computing, 2011, 11 (1): 652-657.

[130] D. K. Karpouzos, F. Delay, K. L. Katsifarakis, G. de Marsily. A multipopulation genetic algorithm to solve the inverse problem in hydrogeology [J]. Water Resources Research, 2001, 37 (9): 2291-2302.

[131] J. K. Karlof, W. Wang. Bilevel programming applied to the flowshop scheduling problem [J]. Computers & Operations Research, 1996, 23 (5): 443-451.

[132] J. Kennedy, R. C. Eberhart, et al. Particle swarm optimization. in: Proceedings of IEEE International Conference on Neural Networks, vol. 4, 1942-1948. Perth, Australia, 1995.

[133] J. Kindler. Rationalizing water requirements with aid of fuzzy allocation

model [J]. Journal of Water Resources Planning and Management, 1992, 118 (3): 308—323.

[134] T. Kong, H. Cheng, J. Wang, Y. Li, S. Wang. United urban power grid planning for network structure and partition scheme based on bi—level multi — objective optimization with genetic algorithm. in: Proceedings of the CSEE, 2009, 10: 012.

[135] M. Kočvara, J. V. Outrata. A nondifferentiable approach to the solution of optimum design problems with variational inequalities. in: Proceedings of the 15th IFIP Conference, 364—373, Springer, 1992.

[136] W. P. Krol. Midship section design using a bilevel production cost optimization scheme [J]. Journal of Ship Production, 1991, 7 (1): 29 —36.

[137] M. Kumar, M. Husian, N. Upreti, D. Gupta. Genetic algorithm: Review and application [J]. International Journal of Information Technology and Knowledge Management, 2010, 2 (2): 451—454.

[138] R. Kumar, K. Izui, M. Yoshimura, S. Nishiwaki. Multi—objective hierarchical genetic algorithms for multilevel redundancy allocation optimization [J]. Reliability Engineering & System Safety, 2009, 94 (4): 891—904.

[139] R. J. Kuo, C. C. Huang. Application of particle swarm optimization algorithm for solving bi—level linear programming problem [J]. Computers & Mathematics with Applications, 2009, 58 (4): 678—685.

[140] Y. J. Lai. Hierarchical optimization: A satisfactory solution [J]. Fuzzy Sets and Systems, 1996, 77 (3): 321—335.

[141] A. Lazinica. Particle swarm optimization [M]. InTech Kirchengasse, 2009.

[142] C. Y. Lee. Entropy—boltzmann selection in the genetic algorithms [J]. IEEE Transactions on Systems, Man, and Cybernetics, Part B: Cybernetics, 2003, 33 (1): 138—149.

[143] E. S. Lee. Fuzzy multiple level programming [J]. Applied Mathematics and Computation, 2001, 120 (1): 79—90.

[144] J. Lee. NewMonte Carlo algorithm: Entropic sampling [J]. Physical Review Letters, 1993, 71 (2): 211.

[145] E. S. Lee, H. S. Shih. Fuzzy and multi—level decision making: And interactive computational approach [M]. Springer—Verlag New York, Inc. , 2000.

[146] Y. P. Li, G. H. Huang, X. Chen. Multistage scenario—based interval —stochastic programming for planning water resources allocation [J]. Stochastic Environmental Research and Risk Assessment, 2009, 23 (6): 781—792.

[147] Y. P. Li, G. H. Huang, Y. F. Huang, H. D. Zhou. A multistage fuzzy—stochastic programming model for supporting sustainable water —resources allocation and management [J]. Environmental Modelling & Software, 2009, 24 (7): 786—797.

[148] Y. P. Li, G. H. Huang, S. L. Nie. A robust interval—based minimax —regret analysis approach for the identification of optimal water—resources — allocation strategies under uncertainty [J]. Resources, Conservation and Recycling, 2009, 54 (2): 86—96.

[149] Y. P. Li, G. H. Huang, Z. F. Yang, S. L. Nie. IFMP: interval—fuzzy multistage programming for water resources management under uncertainty [J]. Resources, Conservation and Recycling, 2008, 52 (5): 800—812.

[150] Z. Li, J. Xu, W. Shen, B. Lev, X. Lei. Bilevel multi—objective construction site security planning with twofold random phenomenon [J]. Journal of Industrial and Management Optimization, 2015, 11 (2): 595—617.

[151] J. J. Liang, A. K. Qin, P. N. Suganthan, S. Baskar. Comprehensive learning particle swarm optimizer for global optimization of multimodal functions [J]. IEEE Transactions on Evolutionary Computation, 2006, 10 (3): 281—295.

[152] F. T. Lin, C. Y. Kao, C. C. Hsu. Applying the genetic approach to simulated annealing in solving some np—hard problems [J]. IEEE Transactions on Systems, Man and Cybernetics, 1993, 23 (6): 1752—1767.

[153] S. H. Ling, H. H. C. Iu, K. Y. Chan, H. K. Lam, B. C. W. Yeung, F. H. Leung. Hybrid particle swarm optimization with

wavelet mutation and its industrial applications [J]. IEEE Transactions on Systems, Man, and Cybernetics, Part B: Cybernetics, 2008, 38 (3): 743−763.

[154] B. Liu. Stackelberg − Nash equilibrium for multilevel programming with multiple followers using genetic algorithms [J]. Computers & Mathematics with Applications, 1998, 36 (7): 79−89.

[155] Y. K. Liu, B. Liu. Expected value operator of random fuzzy variable and random fuzzy expected value models [J]. International Journal of Uncertainty, Fuzziness and Knowledge − Based Systems, 2003, 11 (02): 195−215.

[156] M. Liu, Z. Sun, J. Yan, J. Kang. An adaptive annealing genetic algorithm for the job − shop planning and scheduling problem [J]. Expert Systems with Applications, 2011, 38 (8): 9248−9255.

[157] M. L. Livingston. Normative and positive aspects of institutional economics: The implications for water policy [J]. Water Resources Research, 1993, 29 (4): 815−821.

[158] A. Lova, P. Tormos, M. Cervantes, F. Barber. An efficient hybrid genetic algorithm for scheduling projects with resource constraints and multiple execution modes [J]. International Journal of Production Economics, 2009, 117 (2): 302−316.

[159] H. W. Lu, G. Huang, L. He. Development of an interval−valued fuzzy linear−programming method based on infinite α−cuts for water resources management [J]. Environmental Modelling & Software, 2010, 25 (3): 354−361.

[160] Y. Lv, G. H. Huang, Y. P. Li, Z. F. Yang, Y. Liu, G. H. Cheng. Planning regional water resources system using an interval fuzzy bi−level programming method [J]. Journal of Environmental Informatics, 2010, 16 (2): 43−56.

[161] Y. Lv, Z. Wan. A solution method for the optimistic linear semivectorial bilevel optimization problem [J]. Journal of Inequalities and Applications, 2014, 2014 (1): 164.

[162] W. Ma, M. Wang, X. Zhu. Improved particle swarm optimization based approach for bilevel programming problem − an application on

supply chain model [J]. International Journal of Machine Learning and Cybernetics, 2014, 5 (2): 281−292.

[163] C. M. Macal, A. P. Hurter. Dependence of bilevel mathematical programs on irrelevant constraints [J]. Computers & Operations Research, 1997, 24 (12): 1129−1140.

[164] R. Mathieu, L. Pittard, G. Anandalingam. Genetic algorithm based approach to bi−level linear programming [J]. RAIRO Recherche Opérationnelle, 1994, 28 (1): 1−21.

[165] I. Maqsood, G. H. Huang, J. S. Yeomans. An interval−parameter fuzzy two stage stochastic program for water resources management under uncertainty [J]. European Journal of Operational Research, 2005, 167 (1): 208−225.

[166] K. Mathur, M. C. Puri. On bilevel fractional programming [J]. Optimization, 1995, 35 (3): 215−226.

[167] N. Metropolis, A. W. Rosenbluth, M. N. Rosenbluth, A. H. Teller, E. Teller. Equation of state calculations by fast computing machines [J]. The Journal of Chemical Physics, 2004, 21 (6): 1087−1092.

[168] A. Migdalas. Bilevel programming in traffic planning: Models, methods and challenge [J]. Journal of Global Optimization, 1995, 7 (4): 381−405.

[169] S. Mishra, A. Ghosh. Interactive fuzzy decision making method for solving bilevel programming problem [J]. Annuals of Operations Research, 2006, 143: 251−263.

[170] D. K. Mohanta, P. K. Sadhu, R. Chakrabarti. Deterministic and stochastic approach for safety and reliability optimization of captive power plant maintenance scheduling using GA/SA − based hybrid techniques: A comparison of results [J]. Reliability Engineering & System Safety, 2007, 92 (2): 187−199.

[171] M. Molinos−Senante, F. Hernández−Sancho, M. Mocholí−Arce, R. Sala−Garrido. A management and optimisation model for water supply planning in water deficit areas [J]. Journal of Hydrology, 2014, 515: 139−146.

［172］ J. Moore, R. Chapman. Application of particle swarm to multiobjective optimization [D]. Department of Computer Science and Software Engineering, Auburn University, 1999.

［173］ M. E. Mulvihill, J. A. Dracup. Optimal timing and sizing of a conjunctive urban water supply and waste water system with nonlinear programing [J]. Water Resources Research, 1974, 10 (2): 170−175.

［174］ L. Nie, J. Xu, Y. Tu. Maintenance scheduling problem with fuzzy random time windows on a single machine [J]. Arabian Journal for Science and Engineering, 2014, 40 (3): 959−974.

［175］ M. R. Nikoo, R. Kerachian, H. Poorsepahy − Samian. An interval parameter model for cooperative inter − basin water resources allocation considering the water quality issues [J]. Water Resources Management, 2012, 26 (11): 3329−3343.

［176］ W. Niu, H. Wang. Multi − level multi − object inter − basin water resources allocation model based on the evolution of coordination degree [J]. 15th Annual Conference Proceedings of International Conference on Management Science and Engineering, 153−160. IEEE, 2008.

［177］ V. Oduguwa, R. Roy. Bi−level optimisation using genetic algorithm [J]. in: Proceedings of IEEE International Conference on Artificial Intelligence Systems, 322−327. IEEE, 2002.

［178］ J. Osorio, M. L. Osorio, M. M. Chaves, J. S. Pereira. Water deficits are more important in delaying growth than in changing patterns of carbon allocation in eucalyptus globulus [J]. Tree Physiology, 1998, 18 (6): 363−373.

［179］ Q. K. Pan, M. F. Tasgetiren, P. N. Suganthan, T. J. Chua. A discrete artificial bee colony algorithm for the lot−streaming flowshop scheduling problem [J]. Information Sciences, 2011, 181 (12): 2455−2468.

［180］ S. Piao, P. Ciais, Y. Huang, Z. Shen, S. Peng, J. Li, Liping Zhou, Hongyan Liu, Yuecun Ma, Yihui Ding, et al. The impacts of climate change on water resources and agriculture in china [J]. Nature, 2010, 467 (7311): 43−51.

［181］ R. Poli, J. Kennedy, T. Blackwell. Particle swarm optimization [J].

Swarm Intelligence, 2007, 1 (1): 33—57.

[182] P. Pongchairerks, V. Kachitvichyanukul. Non—homogenous particle swarm optimization with multiple social structures [J]. Asian Institute of Technology, 2005.

[183] J. Reca, J. Rold'an, M. Alcaide, R. L'opez, E. Camacho. Optimisation model for water allocation in deficit irrigation systems: I. description of the model [J]. Agricultural Water Management, 2001, 48 (2): 103—116.

[184] C. R. Reeves. A genetic algorithm for flowshop sequencing [J]. Computers & Operations Research, 1995, 22 (1): 5—13.

[185] A. Ren, Y. Wang. A cutting plane method for bilevel linear programming with interval coefficients [J]. Annals of Operations Research, 2014, 223 (1): 355—378.

[186] A. Ren, Y. Wang. OptimisticStackelberg solutions to bilevel linear programming with fuzzy random variable coefficients [J]. Knowledge —based Systems, 2014, 67: 206—217.

[187] A. Ren, Y. Wang, X. Xue. An interval programming approach for the bilevel linear programming problem under fuzzy random environments [J]. Soft Computing, 2014, 18 (5): 995—1009.

[188] G. B. Richardson. The theory of the market economy [J]. Revue Économique, 1995, 46 (6): 1487—1496.

[189] J. W. Rogers, G. E. Louis. A financial resource allocation model for regional water systems [J]. International Transactions in Operational Research, 2007, 14 (1): 25—37.

[190] M. W. Rosegrant, H. P. Binswanger. Markets in tradable water rights: Potential for efficiency gains in developing country water resource allocation [J]. World Development, 1994, 22 (11): 1613 —1625.

[191] R. Ruiz, C. Maroto. A genetic algorithm for hybrid flowshops with sequence dependent setup times and machine eligibility [J]. European Journal of Operational Research, 2006, 169 (3): 781—800.

[192] K. H. Sahin, A. R. Ciric. A dual temperature simulated annealing approach for solving bilevel programming problems [J]. Computers &

Chemical Engineering, 1998, 23 (1): 11−25.

[193] M. Sakawa. Fuzzy sets and interactive multiobjective optimization [M]. Springer Publishing Company, Incorporated, 2013.

[194] M. Sakawa, I. Nishizaki. Interactive fuzzy programming for decentralized two level linear programming problems [J]. Fuzzy Sets and Systems, 2002, 125 (3): 301−315.

[195] M. Sakawa, I. Nishizaki, Y. Oka. Interactive fuzzy programming for multiobjective two − level linear programming problems with partial information of preference [J]. International Journal of Fuzzy Systems, 2000, 2 (2): 79−86.

[196] M. Sakawa, I. Nishizaki, Y. Uemura. A decentralized two − level transportation problem in a housing material manufacturer: Interactive fuzzy programming approach [J]. European Journal of Operational Research, 2002, 141 (1): 167−185.

[197] G. Savard, J. Gauvin. The steepest descent direction for the nonlinear bilevel programming problem [J]. Operations Research Letters, 1994, 15 (5): 265−272.

[198] C. Zhang, P. Guo. A generalized fuzzy credibility−constrained linear fractional programming approach for optimal irrigation water allocation under uncertainty [J]. Journal of Hydrology, 2017, 553: 735−749.

[199] D. Y. Sha, C. Y. Hsu. A hybrid particle swarm optimization for job shop scheduling problem [J]. Computers & Industrial Engineering, 2006, 51 (4): 791−808.

[200] Z. Shangguan, M. Shao, R. Horton, T. Lei, L. Qin, J. Ma. A model for regional optimal allocation of irrigation water resources under deficit irrigation and its applications [J]. Agricultural Water Management, 2002, 52 (2): 139−154.

[201] Y. Shi. Particle swarm optimization [J]. IEEE Connections, 2004, 2 (1): 8−13.

[202] C. Shi, J. Lu, G. Zhang. An extendedKuhn−Tucker approach for linear bilevel programming [J]. Applied Mathematics and Computation, 2005, 162 (1): 51−63.

[203] H. J. Shieh, R. C. Peralta. Optimal in situ bioremediation design by

hybrid genetic algorithm – simulated annealing [J]. Journal of Water Resources Planning and Management, 2005, 131 (1): 67−78.

[204] H. S. Shih, Y. J. Lai, E. S. Lee. Fuzzy approach for multi – level programming problems [J]. Computers & Operations Research, 1996, 23 (1): 73−91.

[205] H. S. Shih, U. P. Wen, S. Lee, K. M. Lan, H. C. Hsiao. A neural network approach to multiobjective and multilevel programming problems [J]. Computers & Mathematics with Applications, 2004, 48 (1): 95−108.

[206] M. Simaan, J. B. Cruz Jr. On the Stackelberg strategy in nonzero – sum games [J]. Journal of Optimization Theory and Applications, 1973, 11 (5): 533−555.

[207] A. Singh. An artificial bee colony algorithm for the leaf – constrained minimum spanning tree problem [J]. Applied Soft Computing, 2009, 9 (2): 625−631.

[208] R. Speed, Y. Li, T. L. Quesne, G. Pegram, Z. Zhiwei. Basin water allocation planning: Principles, procedures, and approaches for basin allocation planning. Citeseer, 2013.

[209] H. Sun, Z. Gao, J. Wu. A bi – level programming model and solution algorithm for the location of logistics distribution centers [J]. Applied Mathematical Modelling, 2008, 32 (4): 610−616.

[210] Sutardi, C. R. Bettor, I. Goulter. Multiobjective water resources investment planning under budgetary uncertainty and fuzzy environment [J]. European Journal of Operational Research, 1995, 82 (3): 556−591.

[211] G. J. Syme. Acceptable risk and social values: Struggling with uncertainty in Australian water allocation [J]. Stochastic Environmental Research and Risk Assessment, 2014, 28 (1): 113−121.

[212] F. Tiryaki. Interactive compensatory fuzzy programming for decentralized multi – level linear programming (DMLLP) problems [J]. Fuzzy Sets and Systems, 2006, 157 (23): 3072−3090.

[213] I. C. Trelea. The particle swarm optimization algorithm: Convergence analysis and parameter selection [J]. Information Processing letters,

2003, 85 (6): 317－325.

[214] Y. Tsur, A. Dinar. Efficiency and equity considerations in pricing and allocating irrigation water. Technical Report, The World Bank, 1995.

[215] Y. Tu, X. Zhou, J. Gang, M. Liechty, J. Xu, B. Lev. Administrative and market－based allocation mechanism for regional water resources planning [J]. Resources, Conservation and Recycling, 2015, 95: 156－173.

[216] C. van den Brink, W. J. Zaadnoordijk, S. Burgers, J. Griffioen. Stochastic uncertainties and sensitivities of a regional－scale transport model of nitrate in groundwater [J]. Journal of Hydrology, 2008, 361 (3－4): 309－318.

[217] H. J. Vaux, R. E. Howitt. Managing water scarcity: An evaluation of interregional transfers [J]. Water Resources Research, 1984, 20 (7): 785－792.

[218] K. Veeramachaneni, T. Peram, C. Mohan, L. A. Osadciw. Optimization using particle swarms with near neighbor interactions [J]. Genetic and Evolutionary Computation — GECCO 2003, 110－121. Springer, 2003.

[219] G. Venter, J. Sobieszczanski－Sobieski. Particle swarm optimization [J]. AIAA Journal, 2003, 41 (8): 1583－1589.

[220] H. von Stackelberg. Marktform und Gleichgewicht [M]. Jerry Springer, 1934.

[221] Z. Wan, L. Mao, G. Wang. Estimation of distribution algorithm for a class of nonlinear bilevel programming problems [J]. Information Sciences, 2014, 256: 184－196.

[222] Z. Wan, G. Wang, B. Sun. A hybrid intelligentalgorithm by combining particle swarm optimization with chaos searching technique for solving nonlinear bilevel programming problems [J]. Swarm and Evolutionary Computation, 2013, 8: 26－32.

[223] L. Wang, L. Fang, K. W. Hipel. Basin－wide cooperative water resources allocation [J]. European Journal of Operational Research, 2008, 190 (3): 798－817.

[224] L. Wang, L. Fang, K. W. Hipel. Cooperative water resource

allocation based on equitable water rights [J]. in: Proceedings of IEEE International Conference on Systems, Man and Cybernetics, vol. 5, 4425−4430. IEEE, 2003.

[225] L. Z. Wang, L. Fang, K. W. Hipel. Water resources allocation: A cooperative game theoretic approach [J]. Journal of Environmental Informatics, 2003, 2 (2): 11−22.

[226] S. Wang, G. H. Huang. Identifying optimal waterresources allocation strategies through an interactive multi − stage stochastic fuzzy programming approach [J]. Water Resources Management, 2012, 26 (7): 2015−2038.

[227] X. Wang, Y. Sun, L. Song, C. Mei. An eco−environmental water demand based model for optimising water resources using hybrid genetic simulated annealing algorithms. Part I. Model development [J]. Journal of Environmental Management, 2009, 90 (8): 2628 −2635.

[228] H. Wang, J. Zhu, Z. Hu, X. Tao. Water resources allocation and dispatch of South − to − North Water Transfer based on SCM [J]. Haihe Water Resources, 2004, 3: 2.

[229] W. T. Weng, U. P. Wen. A primal−dual interior point algorithm for solving bilevel programming problem [M]. National University of Singapore, 2000.

[230] D. J. White, G. Anandalingam. A penalty function approach for solving bi−level linear programs [J]. Journal of Global Optimization, 1993, 3 (4): 397−419.

[231] J. Xu, J. Ni, M. Zhang. Constructed wetland planning−based bilevel optimization model under fuzzy random environment: Case study of Chaohu Lake [J]. Journal of Water Resources Planning and Management, 2015, 141 (3): 04014057.

[232] J. Xu, Y. Tu, X. Lei. Applying multiobjective bilevel optimization under fuzzy random environment to traffic assignment problem: Case study of a large − scale construction project [J]. Journal of Infrastructure Systems, 2013, 20 (3): 05014003.

[233] J. Xu, Y. Tu, Z. Zeng. A nonlinear multiobjective bilevel model for

minimum cost network flow problem in a large — scale construction project [J]. Mathematical Problems in Engineering, 2012, 1-40.

[234] J. Xu, Y. Tu, Z. Zeng. Bilevel optimization of regional water resources allocation problem under fuzzy random environment [J]. Journal of Water Resources Planning and Management, 2012, 139 (3): 246-264.

[235] J. Xu, L. Yao. Random — like multiple objective decision making [M]. Springer, 2011.

[236] J. Xu, Z. Zeng. Applying optimal control model to dynamic equipment allocation problem: Case study of concrete — faced rockfill dam construction project [J]. Journal of Construction Engineering and Management, 2010, 137 (7): 536-550.

[237] J. Xu, X. Zhou. Approximation based fuzzy multi—objective models with expected objectives and chance constraints: Application to earth—rock work allocation [J]. Information Sciences, 2013, 238: 75-95.

[238] J. Yang, M. Zhang, B. He, C. Yang. Bi—level programming model and hybrid genetic algorithm for flow interception problem with customer choice [J]. Computers & Mathematics with Applications, 2009, 57 (11): 1985-1994.

[239] Y. Yin. Genetic—algorithms—based approach for bilevel programming models [J]. Journal of Transportation Engineering, 2000, 126 (2): 115-120.

[240] M. Zarghami, H. Hajykazemian. Urban water resources planning by using a modified particle swarm optimization algorithm [J]. Resources, Conservation and Recycling, 2013, 70: 1-8.

[241] L. A. Zadeh. Fuzzy sets [J]. Information and Control, 1965, 8 (3): 338-353.

[242] T. Zhang, T. Hu, Y. Zheng, X. Guo. An improved particle swarm optimization for solving bilevel multiobjective programming problem [J]. Journal of Applied Mathematics, 2012, 1-13.

[243] Y. Zheng, J. Liu, Z. Wan. Interactive fuzzy decision making method for solving bilevel programming problem [J]. Applied Mathematical Modelling, 2014, 38 (13): 3136-3141.

[244] Y. Zheng, Z. Wan, S. Jia, G. Wang. A new method for strong—weak linear bilevel programming problem [J]. Journal of Industrial and Management Optimization, 2015, 11 (2): 529—547.

[245] Y. Zhou, Y. P. Li, G. H. Huang, Y. Huang. Development of optimal water resources management strategies for Kaidu — Kongque watershed under multiple uncertainties. Mathematical Problems in Engineering, 2013, Article ID 892321, 14 pages, doi: 10.1155/2013/892321.

[246] G. Zhu, S. Kwong. Gbest—guided artificial bee colony algorithm for numerical function optimization [J]. Applied Mathematics and Computation, 2010, 217 (7): 3166—3173.

[247] D. Zilberman, K. Schoengold. The use of pricing and markets for water allocation [J]. Canadian Water Resources Journal, 2005, 30 (1): 47—54.